上海科普图书创作出版专项资助

吴沅 编著

火星探秘101

少年儿童出版社

目 录

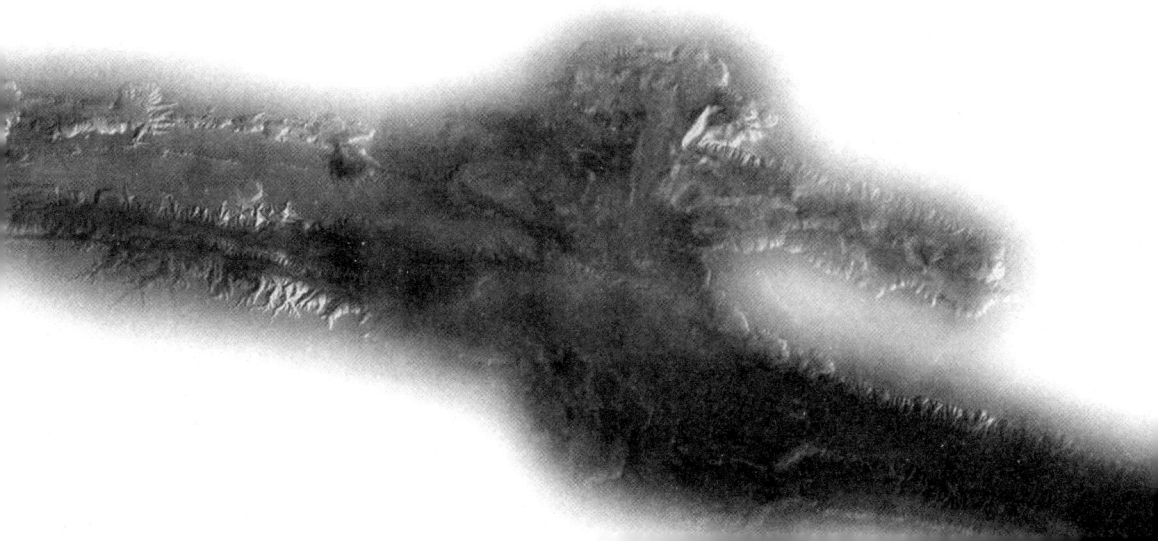

探秘自有壮举

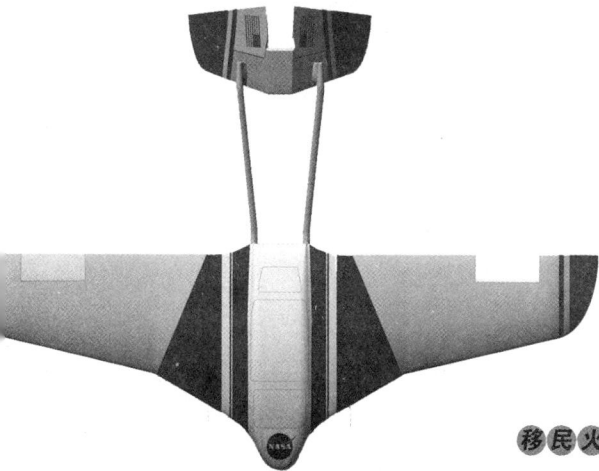

火星是一颗怎样的星球

火星是地球轨道外的第一颗行星，是一颗类地行星，具有固态的岩石表面，密度高，自转慢，离太阳的平均距离是地球的1.5倍，得到太阳的光和热比地球要少。

太阳系有八大行星，按照距离太阳由近到远的次序为：水星、金星、地球、火星、木星、土星、天王星、海王星。

火星比地球小很多，直径6794千米，约为地球的一半，体积不到地球的1/6，质量则仅是地球的1/10。但在地球的近邻中，火星是自然条件最接近地球的行星。例如，它们有几乎相同的昼夜变化——地球上的一天是23小时56分，火星是24小时37分；它们都有春夏秋冬的四季变化——地球的轨道面和赤道面的夹角是23°27′，火星是25°11′。

火星和地球一样拥有多样的地形，有高山、平原和峡谷。南、北半球的地形有着强烈的对比，北方是被熔岩填平的低原，南方则是充满陨石坑的古老高地。

同地球一样，火星也有大气层，只是非常稀薄，其密度相当于地球大气层30~40千米高处的密度。

火星表面气候干燥、寒冷，天空灰蒙蒙的，看不到蓝天，黎明时有云

呈粉红色，主要由尘埃组成。火星上有时会刮起"季候风"，底层大气卷起大量尘沙，有时巨大的尘暴可以席卷整个火星，并持续相当长的时间。

火星在夜空中呈橘红色，是由于它富含氧化铁，遍地都是红色的土壤和岩石，火星也因此而得名。它的铁含量如此之高，在太阳系中首屈一指，如果能够大量提取出来，为地球所用，将会把火星变成一座巨大无比的炼铁厂。

由于火星距离太阳比较远，单位面积所接收到的太阳辐射能只有地球的43%，因而地面平均温度很低，昼夜温差可达上百摄氏度，赤道附近的昼夜温差为-80～20℃，而最寒冷的极区的昼夜温差达到-140～-70℃。

火星内部的情况只能通过它的表面得到的资料和大量相关数据来推测。一般认为，它的核心由半径为1700千米的高密度物质组成，外面包裹了一层比地球地幔更稠密的熔岩，而火星的外壳是极薄的一层。因此，相对于其他类地行星，火星的密度较低，说明火星核中的铁可能含有较多的硫。近年来对火星陨石的研究，发现火星核的形成时间可能还要提前，原因可能是经受了一次巨大的撞击所致，因为从陨石成分来看，铁元素向核心的沉降已经完成，而铁的沉降必须要处于熔融状态下才能进行。据此可认定，火星在刚形成不久的早期，已经具有极高的温度，这个结论是测定火星陨石中钨元素的同位素得出的。钨是特别亲铁的，与铁形影不离，要知道铁的状态，测测钨就可以弄明白了。

□ 火星的年龄是如何测得的

火星的年龄和地球相仿，都有40多亿岁，那么这个年龄是如何得到的呢？科学家是通过测定火星岩石的放射性同位素衰变来获得的。放射性同位素有一个特点，每过一定的周期就有一半的原子会衰变成另外一种原子，这个周期称为半衰期。如果我们计算出半衰期的数量，也就能知道火星岩石的年龄，也就是火星的年龄了，这样测得的年龄称为绝对年龄。还有一种火星的年龄是根据撞击坑的密度来估算的，称为相对年龄。

火星的地质构造演化是怎样的

　　火星的地质构造演化有以下几个阶段：在第一阶段，火星内部的温度变得很高，使得金属铁和陨硫铁等密度较高的物质熔化并下沉到中心，形成富铁物质的核心，其余较轻的物质上升至表面，这个过程称为分异。在物质大分异之后，火星体积轻微膨胀，把它的原始表面完全毁坏掉。"水手号"宇宙飞船对火星引力场所做的精确测量证明，火星的确有一致密的内核。第二个阶段发生在第一阶段分异10亿年之后，当时火星外层的温度变得很高，足以使位于核心上面幔层中的部分岩石物质熔化。在这一过程中，火星幔层中的一部分物质分异成富含硅和铝的较轻的岩石物质，一部分分异成缺少硅、铝这两种元素的比重大的物质。较轻的物质浮到表面，生成平原和火山构造，火山作用间歇地持续到现在。

　　内部物质的熔化还导致了大气的产生，当岩石被加热时，它就会失去一些吸附在表面上的元素，如惰性气体氖和氩。同时，那些原来混合到岩石中的某些元素或分子（例如水），也部分地被释放出来。这些气体，有一部分重新结合成热力学稳定的化合物，如碳与氧结合成二氧化碳，与氢结合成甲烷。

　　根据火星探测的地质分析，火星表面可划分为密布陨石撞击

火星大气和土壤

坑的古地区、比较年轻的火山平原区、巨大的火山地盾及广阔的沉积物区。它们是各种地质学过程的产物。这些过程包括流星体对表面的撞击，火山活动和构造运动，流水的作用和风的作用。当一个离散的天体以10千米／秒的速度同火星相撞时，就会造成一个直径比该天体本身大10～20倍的环形山。在火星形成之后的最初10亿年间，环形山的生成率较现在要高很多。造成早期环形山的天体，既可能是火星及其卫星形成后剩下的物体，也可能是受木星引力摄动而进入贯穿火星轨道中的小行星带外部天体。现在同火星相撞的小天体则起源于彗星和小行星。

天文学家结合有关模型分析，在参照了月球的状况，并考虑了大气的影响、质量和大小的区别、被撞击概率的差异之后，将火星的地质年代大致分为如下三个"纪"：

诺亚纪，46亿年前至36亿年前，可细分为早、中、晚诺亚纪，代表性地区是南半球古老的诺亚高原。西方纪，36亿年前至31亿年前，可细分为早、晚西方纪，代表性地区是南半球的西方高原。亚马孙纪，31亿年前至

□ 火星上的地名是怎么来的

火星地名不是天文学家灵机一动或心血来潮拍板产生的，而是经过认真挑选并经过一系列程序才定下来的。首先由科学家提出备选名称。备选名称通常是这样确定的：对大的地名会用大科学家、大作家的名字来命名，小的往往就用火星探测器中的重要设备命名，还有的是根据地球上相应的地质特征标定的。接下来将备选名称提交到国际天文学联合会的行星命名事务委员会，随后工作人员便按一定的程序开展命名工作，通过正式的选定程序，最终由官方将确定的名称收入到火星地名词典中。火星上的地名大多具有纪念意义，如"好奇号"火星车的登陆点被命名为"布拉德伯里着陆点"，就是为了纪念科幻小说家雷·布拉德伯里。

现在，可细分为早、中、晚亚马孙纪，代表性地区是北半球的亚马孙平原，这是一个被火山熔岩填平的年轻平原。

火星上的大气是什么样的

火星上的大气可以用一句话来概括：稀薄得可怜。经测定，火星表面的大气压仅为7.5毫巴，相当于千分之七大气压，与地球上30~40千米的高空处差不多！

火星大气压也会随着高度的变化而变化，如在盆地的最深处可达到9毫巴，而在奥林匹斯山脉的顶端却只有1毫巴。当然，这层薄薄的大气也能制造温室效应，但可怜得很，仅能提高

火星上的日落

表面5K的温度，与地球相比真是小巫见大巫了！尘暴是火星大气中独有的现象，小规模的尘暴经常会出现，大规模席卷全火星的大尘暴也是每个火星年都会光顾的。火星表面因此被红色硅酸盐、赤铁矿等铁的氧化物及其他金属氧化物覆盖，形成一片橙红色！

美国天文学家柯伊伯等曾确定，火星大气中的主要成分是二氧化碳（约95.3%），其次是氮（约2.3%），氧气极少，仅为0.15%。火星大气中的水分也极少，大约为万分之一。如果把火星上存在的水全部收集起来也只有4亿吨（还不到太湖水的十分之一），若铺在火星表面，只能形成一层0.01毫米厚的膜。火星极冠处含有水结成的冰，但数量也很少。科学家估计，即使把极冠中的冰全都融化成水，至多只能形成一个10米深的大湖泊。总之，将火星描写成一个满目荒凉的不毛之地，气压极低，表面上找不到任何一滴液态水，是十分形象而逼真的。

在火星上还有一个奇怪的现象，火星大气层的温度每天会升降两次。在每天中午时会达到顶峰，而到了午夜时分温度还会再一次达到顶峰，全年如此，这是美国国家航空航天局研究人员

□ 火星大气压低是大气逃逸的结果吗

在地球上，1个大气压为101 325帕，而火星表面的大气压则要低得多，只有700帕，这是火星大气逃逸后造成的结果吗？结论是否定的。假定火星在形成时，表面有一个大气压的空气，大气的逃逸寿命依赖于大气层温度的分布，因这方面的资料目前较少，仅能对比地球来设定这种温度的分布，计算结果表明火星大气逃逸的寿命为9.2×10^{12}年，远大于火星的年龄，约4.5×10^{9}年。这就说明火星大气压小不是由于逃逸造成的，而是在形成大气层时，压力就比地球约小两个量级。

的最新发现。

这种现象与地球上潮汐中的"半日潮"相仿。除了大气浮尘的因素外，一定还有其他原因导致火星出现"半日潮"。研究最终发现火星表面的水冰云是造成每日升温两次的源头，它们存在于火星赤道上空10~30千米范围内，可以吸收火星表面白天发出的红外光，这些能量足够使火星每天夜晚的温度再度升高。

火星上曾经有水吗

　　火星上曾经有水吗？答案是肯定的，但现在不存在液态水！火星上存在着几千条干涸的河床，最长的约1500千米，宽60千米或更宽。主要的大河床分布在火星的赤道地区，大河床及其支流系统汇合，组成脉络分明的水道系统。再看，这些支流几乎全部朝着下坡方向流去。科学家认为，只有像水那样的无黏滞性的流体才会形成这样的天然河床。透过这些干涸的河床，几乎可以肯定过去的火星与如今的火星存在着天壤之别！如此巨大众多的干涸河床表明火星也曾经河水滔滔，海浪拍岸，温暖如春，后来由于气候发生了剧烈的变化，火星才变成一个荒漠的世界！

　　2000年6月，美国国家航空航天局宣布了一则令人振奋的消息：科学家找到了可以证明火星上有水的有力证据，火星上可能有流动的地下水。这一发现成为

火星上曾发生过的洪水形成的河道
在环形山侧面侵蚀出深深的沟壑

人类探测火星的一个里程碑！在环球探测器拍摄到的6万多张照片中，有200张清晰显示干涸河床的痕迹，有超过90%的河床支流是在南半球发现的，还拍摄到深深的水沟、蜿蜒的河道和碎石堆成的三角洲图片。这些图片表明，即使在近期火星的地表下面也可能有渗水流过。天文学家据此推测，这些拍到的河床、水沟，可能形成于100万年前，甚至可能形成于昨天！火星的地下水，很可能储存在地表下100~400米深的岩层孔洞之中。

同时，科学家在对地球南极找到的一块火星陨石研究后发现，火星地层中氘和氢的实际比例为2:1，而不是早先认定的5:1。这说明火星地层中水逃逸的速度并没有人们想象的那么快。由此推断，藏在火星地表下的水含量可能比原先估计的要高2~3倍！若果真如此，登上火星的航天员就能很容易找到和饮用这些水，并可利用水制造出氧气，以及还原成氢气等作为火箭燃料，或其他用途。这样一来，就可进一步缩短人类造访火星，在火星上建造基地和定居点的时间！

登陆火星的"好奇号"探测器

□ 为什么猫眼石的发现是火星有水的重要证据

近年来，科学家利用火星探测器发现了一种新的水合矿物质——水合二氧化硅，俗称"猫眼石"。它是至今在火星上发现的三种水合矿物质中形成最晚的一种，形成于约20亿年前。

火山活动或陨星撞击在火山表面留下二氧化硅。只有在遇到液态水后，二氧化硅才会生成"猫眼石"。这就明白地告诉我们，火星上是有水的。

利用携带的样本分析仪，将其登陆后获得的第一铲细粒土壤加热到835℃，结果分解出水、二氧化碳及含硫化合物等物质，其中水的含量占2%。因此，科学家认为，火星上应该有着丰富的、可轻易获得的水；火星表面土壤按重量计算，2%是水分。分析仪还测量了高温加热土壤所获得的各种气体中氢和碳的同位素比率，结果与火星大气的测量结果相似，这说明火星土壤表面与大气存在"广泛交互作用"，火星土壤可能像海绵一样从大气中获得水和二氧化碳。

为什么火星每年会发生大尘暴

尘暴是火星的一个奇异特征，也是火星大气中的独有现象。火星上每年（火星年）都会发生一次令人难以置信的席卷整个火星的大尘暴，小规模的尘暴更是家常便饭。大尘暴风速之高在地球上根本看不到。通常，在地球上刮起大台风，其风速达到每秒60米已经有地动山摇之感，树可以被连根拔起，马路上的小汽车会像玩具一般被抛向空中。但是，在火星上这种风速根本上不了台面，火星风速可高达每秒180多米，与之相比，地球真是小巫见大巫！这种强烈的尘暴每年都会发生，而且持续时间通常可达四分之一个火星年，甚至半年以上。尤其在火星的南半球夏至时，由于火星正

弥漫全球的火星尘暴

好处于近日点附近，表面气温更高，即使是极稀薄的火星空气，对流也非常旺盛，引发强风卷起漫天沙尘，这种情景就像火星被尘暴完全笼罩。

1971年，美国发射的"水手9号"火星探测器，在飞到距离火星还有一半路程的时候，不幸碰到火星上正在刮红色尘暴，而且是前所未有的一次大尘暴。这场巨大的尘暴整整刮了6个月，火星表面70～80千米的高空均被沙尘笼罩！除了在火星赤道附近可以隐约见到4个坑洞外，其他地方一片模糊。"水手9号"探测器纵有千里眼，也无法施展其功能，只能无奈等待尘暴的结束。几个月后，这场疯狂的尘暴才逐渐平息下来，"水手9号"探测器才开始工作！

在火星刮起大尘暴时，从地球上看去，火星就像披了一层橙红色外衣。这其中的原因，主要是火星表面的大部分地区被橙红色硅酸盐、赤铁矿等物质及其他金属氧化物覆盖。尘暴到来时，这些橙红色物质被高高卷起，飘在空中，把火星变成了一个橙色的星球！不过话说回来，即使没有尘暴的时候，因为火星表面都是被这些橙红色物质所覆盖，看起来也就是

□ 每年都会移动的火星沙丘

美国科学家发现，火星上有十几处沙丘每年都会移动数米（这是个不小的距离）。这一发现推翻了过去普遍认为火星地表的黑色沙丘基本上是不动的结论。以前曾认为黑色沙丘粒子大，难以被风力吹动，即使被移动也是极微小不易觉察出来。之前，科学家就发现"勇气号"和"机遇号"火星探测器的太阳能电池板遭遇了移动中的火星沙粒的撞击。科学家认为，沙粒的移动很有可能会极大地改变火星的气候，其改变的幅度远超过地球。

橙红色的！至于"水手9号"探测器迷迷糊糊看见的4个坑洞，其实是4个高达25千米以上的大火山。其中最大的火山就是火星上颇具名气的奥林匹斯火山，它高27千米，直径600千米，大约形成于10亿年前，也是迄今为止太阳系中已发现的最巨大的火山。

火星的卫星为何
取名为"恐慌"和"害怕"

火星的卫星直到1877年大冲时才被美国天文学家霍尔在华盛顿海军天文台发现。火星有两颗卫星，都非常小。有意思的是，其中火卫一取名"恐慌"，火卫二竟以"害怕"命名。这是因为火星的名字来自罗马神话中的战神马尔斯。在希腊神话中，他对应的是战神阿瑞斯。阿瑞斯有两个儿子，名为"恐慌"和"害怕"。火星的卫星就是以他们的名字命名

的。这两颗火星卫星的轨道总是让人摸不着头脑：火卫一不断接近火星，火卫二则逐渐远离火星。还令科学家感到不解的是，它们俩的"长相"实在有天壤之别，怎么看也不像是由火星"生"出来的"兄弟"。

火卫一，直径22千米，距离火星中心9370千米，公转周期7小时39分，比火星自转要快得多。火卫一通体黝黑，可以吸收90%以上的入射阳光。它全身长满麻点，这些麻点是由陨石冲击而成的。由于火卫一个头不大，因此在火星上看不到日全食，只能看到日环食。如果在火星上看火卫一，它是自西方升起在东方落下的。在这颗不大的卫星上除了布满大大小小的陨石坑，居然还有一座直径

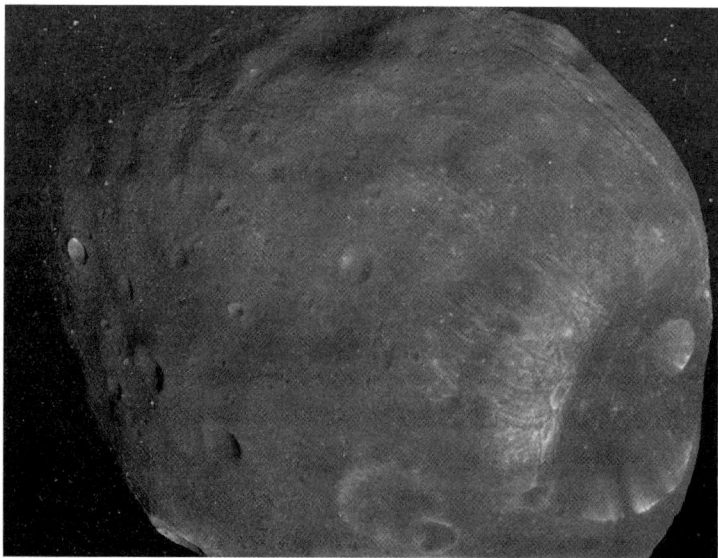

火卫一"恐慌"

美国天文学家霍尔

□ 火卫一和火卫二是如何形成的

科学家认为火卫一和火卫二可能有三种形成方式。

第一种：它们是火星吸收外来物质形成的卫星，最初卫星内含有大量的水分和有机物，后来随着水分的蒸发，变成目前的模样。第二种：外来天体与火星相撞，外来天体碎裂后留下两块碎片，绕火星运行，成为两个火星卫星。第三种：外来天体与火星相撞，把火星表面撞出两块，成了火星的两个卫星。

达8000米的环形山和最深达500米的沟纹。由于体形小，它所形成的重力场极其微弱，也就是说登陆和飞离火卫一只需轻微的推动力。有科学家建议把它作为从地球向火星进发过程中的一块跳板。重力场弱还意味着向火卫一发射探测航天器不仅成本低，而且也容易实现，火卫一可以为人类提供一条通往火星的"捷径"。除此之外，火卫一还蕴藏着众多的奥秘。比如，研究者认为火卫一内部或许存在着庞大的凹陷。如果真是这样，可望为未来的探测提供不受太空辐射的庇护所。

火卫二，直径12千米，距离火星中心23 500千米。由于它离火星更远，亮度仅与金星相当，也是一颗由西方升起在东方落下的小亮点。火卫二实在太小，因此在火星上连日环食也看不到，只能看到凌日现象。它的外形就像一颗不规则的土豆。

由于这两颗卫星的自转周期与各自的公转周期相同，因此它们始终以表面的同一部位对着火星，这或许是火星卫星的又一大特征。

火星上有板块吗

以前科学家认为，在太阳系中只有地球上才有板块。所谓板块，以地球为例，说的是组成地球的岩石圈不是一块完整的"石"板，而是分成许多块。目前地球上已测到共有7个大板块和几十个小板块。我国领土处在欧亚板块之上！

但是，最近美国行星地质学家尹安在分析了火星奥德赛飞船上的卫星照片后认为，火星上存在的裂缝与地球上某些地方的裂缝很相似，比如美国加利福尼亚州的断层、中国喜马拉雅山的断层……显然，断层相似，它们的地貌与地球上的地貌也会很相似！尹安由此确认在火星上也有板块，并指出火星上的水手谷就是两大板块的交界处，是由火

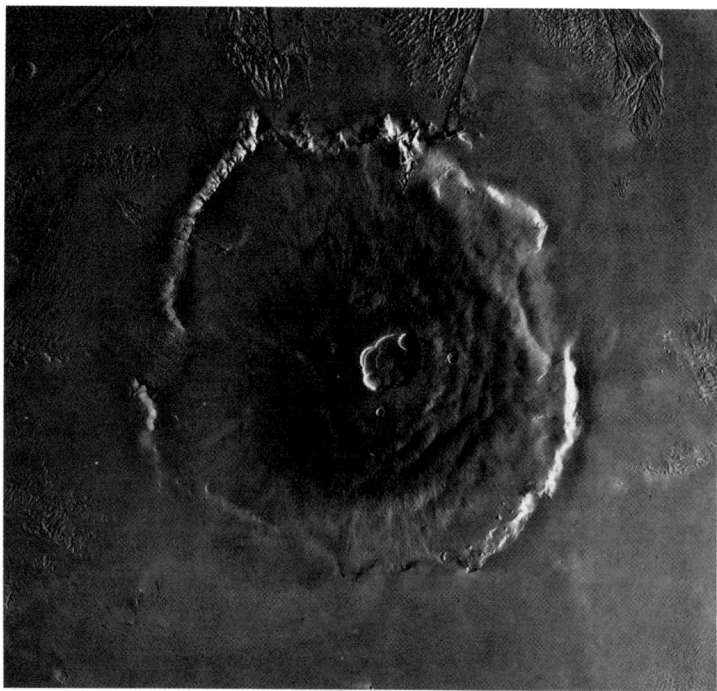

火星上的奥林匹斯火山

星断层"制造"的巨大裂缝！火星上有板块存在的另一个佐证是火山链。火星上有几条又长又直的火山链，著名的奥林匹斯山也位于其中。火山链的发现，说明了火星地幔上涌的这一特征。也就是说，火星地幔上面的板块处于缓慢而持续的运动中，而在地幔下面的"热点"不时向上喷涌，这两者的结合形成了地面上的火山，而且是一座又一座火山出现，成年累月，火山链就诞生了。这种火山链在地球上也有，比如夏威夷群岛，就是由地球板块运动和其下的"热点"喷涌出地幔共同作用产生的。

尹安还认为火星正处于板块的初级阶段，最多只有两个板块。如果用一个鸡蛋壳表示板块的话，那么地球表面就像是一个严重破损的鸡蛋壳，有许多裂缝（代表有许多板块），而火星这个鸡蛋壳仅仅只有轻微的破损，并且其破损过程很缓慢。尽管如此，它正朝着越来越破碎的方向发展。科学家还认定，虽然它的破碎过程很缓慢，时间可能会长达数百万年甚至更久，但一旦进入短暂的活跃期，火星上出现地震也不是不可能的。

或许人们会感到奇怪，地球和火

□ 火星上有太阳系内最高的火山

火星上火山的数量并不多，迄今为止被命名的火山也只有不到20座，其中奥林匹斯山最负盛名，而且它还是太阳系内最大的火山。它的底部宽约600千米，高出火星平均地面26千米，几乎是地球上珠穆朗玛峰的3倍，其山体也是地球上绝对看不到的，是地球上最大火山的100倍，仅仅奥林匹斯一座火山就足以将夏威夷群岛上的所有火山覆盖住。

星基本上是同时生成的，为什么几十亿年过去了，火星仍然处于板块的初期，而地球却已成为一个碎鸡蛋壳！其原因可能是火星的体积远比地球小，小鸡蛋壳内的热量自然比地球这个大鸡蛋壳内的热量小得多，而板块运动的驱动力来自星球内部的热源。这就不难理解火星板块的活动能力远不如地球板块了！但从另一个角度来看，活性板块目前的状态也许和地球板块早期相似，这就对研究地球板块构造的来龙去脉提供了"活化石"。

为什么"火星大冲"有规律

火星冲日是指地球运行到太阳和火星之间，且三者在同一条直线上。这时，火星和地球之间的距离将接近最小，火星看上去要比平时更明亮。火星存在15.8年的季节性冲日周期。在这个周期中，有三四次远日点冲日，以及三四次近日点冲日，相同的周期每隔79年就会重复一次，一般最多相差四五天。

由于火星和地球的运行轨道都是椭圆形的，因此会出现火星有时离太阳远，有时离太阳近。如果火星在近日点附近冲日就叫作"大冲"。此时，当太阳西落时，火星正好东升，人们整夜都可以看到火星"冲日"的壮观景象。发生大冲的周期为15～17年，这是因为火星在轨道上运行一圈约687天，地球则需平均780天（最少

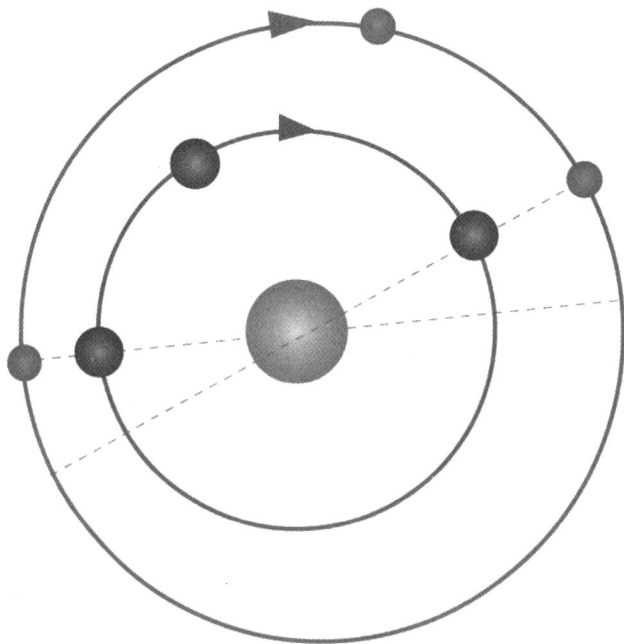

火星的"冲"与"大冲"

764天，最多806天）才能与火星相"冲"一次，相冲的点约16年在轨道上会转一圈。由此得出发生火星大冲的周期在15～17年之间。

美国海军天文台的迪扬教授编制了一个程序，用这个程序可以计算出火星与地球的距离。在此程序中他还考虑了各种引力的干扰，甚至连月球的影响也计算在内。由此，他得出2003年8月29日发生火星大冲时，火星与地球的距离最近，约55 765 622千米，为0.37 271个天文单位（1个天文单位是日地平均距离，约1.5亿千米）。这是近6万年来，火星离地球最近的大冲，几乎比火星距地球最远时近了大约2000万千米。难怪那时人们看见的火星又大又亮，成为天空中最亮的明星，超过了木星的亮度。一时间，地球上出现了火星热，人人争看火星。与此同时，有几艘火星探测器纷纷飞向火星、登陆火星，对火星进行近距离或零距离的考察，以免错过这极其难逢的好日子。根据科学家计算，284年后，火星会比2003年更接近地球，那时火星距离地球55 686 311千米，为0.37 224个天文

□ 火星时间

火星上计时和地球上相似，但两者之间也有差异，因为火星上的一天比地球上长39分35秒，这看上去不算多，但按火星时间生活，累计起来也不是个小数。一个火星年大约相当于地球的1.88年。具体计算是这样：首先把1个火星日等分成24个火星小时，1个火星时等于60火星分，1火星分等于60火星秒，与地球上相应单位换算因数就是1.0275。也就是说，不管在火星上还是在地球上，1小时时间等于15度经度，1分钟时间等于15分经度，1秒钟时间等于15秒经度。

单位，时间是2287年8月28日，但是这一天对于现在的人类来说，太晚了一点，不要说目前在世的人无法见到那时火星的辉煌，甚至连他们的儿辈、孙辈也无缘得见！根据计算结果，还可知道2018年7月27日，火星又将接近地球，距离为0.385个天文单位，约5775万千米（比2003年8月远200万千米），再往后是2020年10月，距离地球6225千米，直至2287年8月28日创造近几个世纪火星与地球近距离之最。

火星上有过雨雪飘飘吗

　　科学家认为火星上有过雨雪飘飘的日子。德国地质学家恩斯特·豪博还声称"看到"过火星上倾盆暴雨或是绵绵细雨。豪博所谓"看到"当然是通过科学手段来一个时空穿越。在大约38亿到40亿年之前，火星上间或暴雨不断，河流奔涌。时间到了30亿年前，火星上已看不到昔日雨水猖狂的威风，只留下细雨绵绵的"胜景"！即便这绵绵细雨因受到火星气候巨变的牵连，在2亿多年前也已不复存在。

　　说到雪，科学家认为，就不用再穿越"看到"了，现实中的火星上还会时不时下起雪来。当然，人们目前还不能亲自到火星上去欣赏雪景，那是通过火星全球勘探者卫星和火星勘测轨道探测器发回的数据"看到"的：火星上正下着雪，纷纷扬扬煞是迷人！但是这种雪花还没有落到火星表面就夭折了——被蒸发到薄薄的火星大气层中去了！

　　通过进一步分析，证实火星上的雪花，其实和地球上的雪根本不是一回事，它是由二氧化碳构成的干冰小颗粒。火星上不可能出现地球上的鹅毛大雪，即便是地球上下的星星点点的雪花也要比火星上的雪大得多，火星上的雪充其量是一些雾

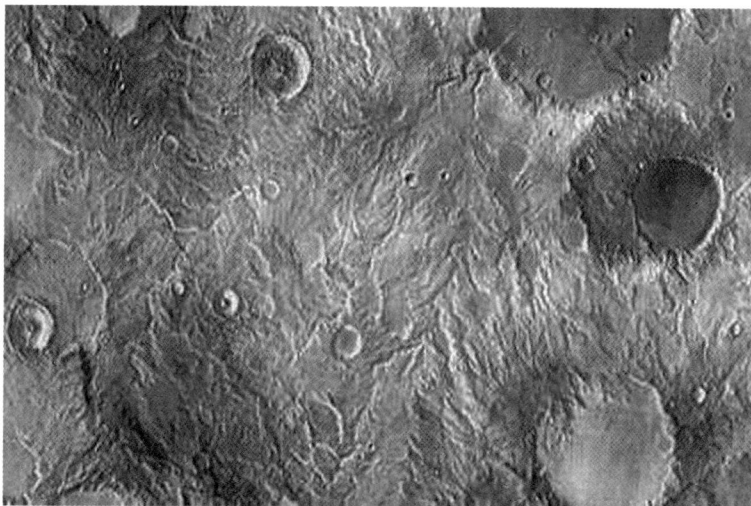

状的细末子在空中飘浮而已!

不过火星雪花的形成，似乎和地球上的雪花有相同之处，即要有一个凝结核。这不难，因为火星上的沙尘无处不在飞扬，担当起造雪中的"凝结核"还是绰绰有余的!

科学家经过深入研究认为，火星南极和北极都会下雪，但南极的雪量要比北极多50%以上。而且下雪也有季节性之分，在火星的冬季，下雪的范围会大得多。

既然火星上的雪犹如雾状细末子，基本上看不到它的存在，那么这雾状细末子到底有多大呢? 能给出一个量的概念吗? 这当然难不倒科学工作者，虽然暂时还不能到火星上去做实地"测量"，但通过数十年来火星探测器从火星发回的数据推断，目前已能给出火星雪的具体数值，它的大小仅为地球雪的千分之一。奇怪的

□ 火星上的水是咸的吗

美国的一名生物学家声称，火星上水的盐分含量非常高，即使存在早期的生命物质，也会因为水过咸而遭到扼杀。无独有偶，火星探测器的专家小组成员安德鲁斯·诺尔也认为：长期以来，火星一直是一个非常干旱的星球，它只在形成最初期还算是一个适于生命存在的星球，但后来水的盐度变得非常高，微小动植物很难在水中存活。"机遇号"火星车也发现，火星上在很久之前有水存在，但是仍不清楚水到底是存在于土壤中还是分布于火星表面。而最新发现表明，火星表面曾存在一个至少5厘米深的咸水湖。

是，火星南北极的雪花大小是不同的，在北极，雪花颗粒为8～22微米（1微米=10^{-3}毫米），而南极的雪花颗粒大小为4～13微米。

火星上存在生命吗

　　较长时间以来，经过各种火星探测器的探测，科学家普遍认为火星上找不到有生命的痕迹，火星人仅仅是一种传说而已。

　　时间到了2004年，火星上是否存在生命又引起波澜，甚至轰动，原因是不同的研究团队公布了相同的发现：在火星大气中探测到甲烷。地球大气中的甲烷主要是由生物体释放，科学家由火星大气中存在甲烷推测，在火星地面及地表之下存在着生命的源泉。进一步研究表明，甲烷在火星大气中的平均寿命不超过400年，可是为什么至今仍能探测到甲烷的存在呢？一定有什么东西在今天的火星上制造甲烷，它究竟是什么？探测的结果还表明，火星上甲烷值是有差别的，在某些地方（如火山口和地热口等），甲烷可达到峰值，这些地方很有可能是甲烷的源头。难道火星火山口或是地热口里面存在生命？2006年，普林斯顿大学的图里斯·昂斯托特和他的团队对甲烷的产生进行了深入的分析研究，认为这些甲烷很有可能是某些微生物产生的。通常，产甲烷的微生物能承受较大的温差变化，能将氢气和二氧化碳合成甲烷。他们还发现那里存在一种"硅镁石"黏土矿物质，这种矿

物质可以形成于微生物体。火星甲烷发现者之一迈克尔·穆马还宣布，火星上一个叫尼利槽沟的地方是甲烷散发热点，那里甲烷的密度远远高于其他地方。据估测，每年有几百吨的甲烷进入大气，相当于地球上几千头奶牛所释放的甲烷量。

2005年，在荷兰诺德维克举办的火星快车科学会议上传来了另一个惊人消息：在火星大气中探测到甲醛，而且数量巨大。甲醛比甲烷存在的时间短几个数量级，只有7.5个小时。结论只能是：甲醛是甲烷氧化产生的。由此有人推断，火星每年大约产出250万吨甲烷，而产生甲烷的应该是某种微生物！

如果上述结论被最终认定，则表明火星上已存在大量微生物群，并已排放了大量甲烷，而且其数量大得出

□ 可能藏有生命化石的火星岩石

科学家艾德里安·布朗领导的研究小组，利用红外光谱对火星上尼利·福萨地区已有46亿年历史的岩石研究后发现，它与位于澳大利亚皮尔巴拉地区的岩石非常相似。而几十亿年前皮尔巴拉地区岩石里就含有微生物，因此他们推测火星上的尼利·福萨地区也可能埋藏并以物质形式完好保存了火星早期生命的遗体化石，那里也可能发生了像地球上一样的生命演化的一系列过程。

乎人们的想象！甲醛和甲烷是生命之源。因此，从这个角度来看，火星上存在生命之说得到了众多学者的支持。

但是，火星上到底有没有生命，在人类的脚印未踏上之前，不会有明确的答案！

火星上怎么会有"狮身人面像"

　　1976年，"海盗1号"宇宙飞船发回了一组震惊世界的照片：在火星上存在一些类似于埃及金字塔的建筑物。从照片上可以清楚地看到：在一座高山上耸立着一块巨大的五官俱全的人面石像，从头顶到下巴足足有16千米长，脸的宽度达14千米，与埃及狮身人面像——斯芬克斯十分相似。这尊人面石像似仰望苍穹，凝神静思。在人面像对面约9千米的地方，还有4座类似金字塔的对称排列的建筑物。

　　根据照片上显示，火星上的"狮身人面像"有着明显的棱角，并且在

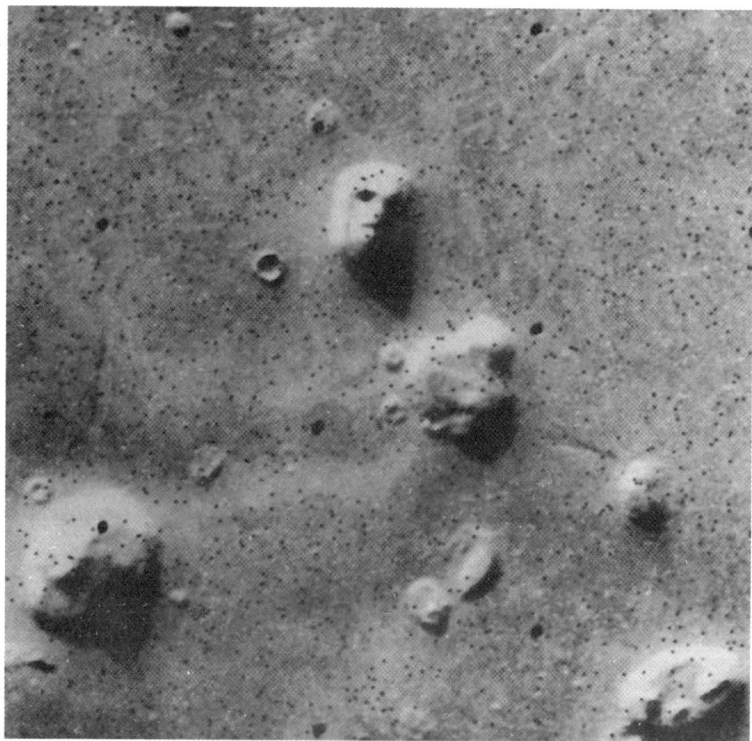

"海盗1号"宇宙飞船拍摄的"火星人脸"图

它的周围还有好多个类似"物体"。说是物体，主要是因为它们实在不像是自然形成的地形。研究人员宣称：用精密仪器对照片进行分析，发现人面石像有非常对称的眼睛，并且还有瞳孔。科研人员在认真分析、对比后认为，最具说服力的证据是"对称原理"，一个物体如果符合绝对对称，就不难证明其出自人手，而非自然天成。地质学家埃罗尔托伦也认为那种对称现象在自然界根本不存在。人们继续对这些照片进行研究，发现火星上的石像不止一座，有许多座，并且连眼、鼻、嘴，甚至头发都能看得很清楚。

这一万众瞩目的事件，使美国国家航空航天局的压力很大，无法予以合理解释。一直到1998年，"火星环球探测者"太空船凭借高清晰照相机，拍摄到更详细的照片，证明人头雕像其实是一种天然的台地——一个孤立的、相对平顶的小山。台地在火星上相当普遍，在地球上的许多地方也有很多。

由于任务的限制，"火星环球探测者"太空船1998年拍摄的照片并不完美。2001年4月8日，"火星环球探测者"再次飞临出现神秘"狮身人面像"的地方，从同样的高度和角度拍摄了更清晰的照片，并利用激光测高仪测量了数据，合成了三维透视图。后来，"火星快车"和"火星侦察兵"都执行过同样任务。当人们看到这些十分清晰的照片后，不再有人产生怀疑。火星上的"狮身人面像"真的就是天然台地！

□ 火星上的洞穴

美国国家航空航天局从"奥德赛"探测器发回的火星表面图片中，辨认出7个洞穴，它们分布在火星阿尔西亚火山的侧面，洞口宽100~252米，洞深估算在80~130米之间。这些洞穴发现的意义在于，洞穴可以为火星上的生命提供保护。也就是说，洞穴的存在提高了火星上存在原始生命的可能性，因为洞穴可以保护火星原始生命免受微流星体、紫外线辐射、太阳耀斑及高能离子等的侵害。同时，这些洞穴将来可作为人类移居火星后的最初栖息地。

火星上的"运河"

意大利布雷拉天文台台长斯基亚帕雷利是专门研究行星表面的天文学家。1944年，42岁的他在连续几个月对火星观测后，写下了这样几句话："尽管火星极其模糊不清，但火星表面上确实存在着复杂的'canali'。""canali"意大利文的原意为"有规则的线条"，偶尔也含"沟渠"的意思，与英文最恰当的对应词应是"channel"。然而，由于翻译人员的失误，竟然将"canali"译作了"canal"。这一字之改，真是"差之毫厘，谬以千里"，因为英文中"canal"是"人工开凿的河道"，亦即"运河"。于是，引发了一场轩然大波，争论之持久绝无仅有……

原因在于，一些喜欢以发新闻博取眼球的媒体大肆转载了这则翻译错误的报道。一时间，大家都认为斯基亚帕雷利有了惊人的发现——在火星上发现了大运河。而斯基亚帕雷利本人则持模棱两可的态度，并一再声称，火星上的图形绝对精确，"宛如用直尺和圆规画出来的……"至此，"火星上存在大运河"之说风靡一时！

对于大多数科学家来说，在这种哗众取宠的宣传背景下，还

洛厄尔正在观测

是坚持认为"这是人眼的幻觉"。但也有不少天文学家和爱好者否定是幻觉，他们甚至画出了逼真诱人的"火星运河图"，直至最后变成了"运河网系统"。有位天文爱好者洛厄尔，对火星拍摄了多达几千张照片。依据这些照片，他精心绘制了180多幅"火星运河图"。他认定火星上有运河，甚至说，能否看清火星上的运河"正是鉴别天文学家观测水平的'试金石'"。之后，他连续出版了《火星》、《火星和它的运河》等在当时有一定影响的著作。他在书中说："正因为火星上缺水，智力生物为了生存，就必须努力发展水利设施，这就是火星上有众多运河的原因……""运河"的神话直到1965年才宣告破灭，因为那年7月15日，美国的"水手4号"探测器从离火星9850千米处飞过，向地球发回了21幅近地面照片，人们看到原来认定的"运河"其实是排成一条线的大小环形山！再回过头来想想，火星距离地球5000多万千米（在大冲时），火星运河如果能被地球人观测到，那么这条运河至少得有几十千米宽才有可能！这显然是不可能的！

□ 火星上也有喷泉吗

地球上许多地方都存在喷泉，有些喷泉甚至能把滚烫的泉水喷到几十米的空中。但若与火星上的远古喷泉相比，无疑是小巫见大巫。英国科研人员在对火星进行研究后认为，火星上的远古喷泉，可以将冰雹和泥浆喷射到8000米的高空！喷泉的动力来自二氧化碳。有大量的二氧化碳被压缩在火星的地下水中，且极不稳定，一旦碰到火星表面的裂缝，它就会趁势喷射出来，喷发的力量惊天动地！

俱往矣，如今火星上虽然还有活动的喷泉，如南极还有干冰喷出，且不说已没有水夹在中间，规模也是今非昔比了。

火星陨石里藏着什么秘密

火星陨石，简单来讲就是落到地球上的来自火星的岩石。火星陨石有一个专用名词：SNC，代表了在地球上最早发现的3块陨石。一块于1865年发现于印度的休格地（Shergotty），一块于1911年发现于埃及的那咯拉（Nakhle），还有一块于1815年发现于法国的夏夕尼（Chassigny）。SNC取自它们的第一个字母合成。判断它们来自火星的证据有三：一是陨石中所含的物质，分析结果它们是从13亿年前还有岩浆存在的星球来的，基本可以确定就是火星；二是通过化学组成和同位素分析；三是火星探测器对火星土壤的分析结果与陨石相当吻合。

1996年，又一块陨石引起了不小的轰动，那就是重2千克、编号为ALH84001的火星陨石。

ALH84001的历史非常悠久。45亿年前，在火星形成后不久，这块岩石在火星地下1～2千米处形成。大约36亿年前，它裂开了，也许是因为有颗流星落在了离它不远的地方。大约2.6亿年前，另一次撞击令它离开了火星，在太空中游荡。直到有个偶然的机会，它在13 000年前与地球邂逅，落

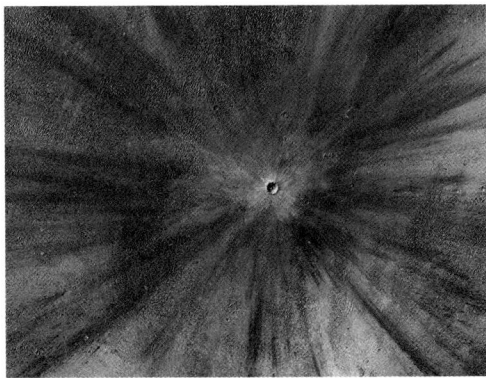

□ **火星上传来的声音**

　　美国国家航空航天局曾经接收到"凤凰号"探测器上的麦克风在火星上发出的一些奇怪声音：当它随着降落伞下降时，发出有如细雨淅淅沥沥的声音，继而在雨滴声中出现啸叫声，且声音越来越尖细，异常刺耳。最后当着陆反冲发动机打开时，声音则变成似机器迸发出的吼声！这是人类第一次听到火星上传来的声音。

在了南极洲。这些事实都是通过各种化学分析和同位素年代测定技术了解到的。例如，岩石的氧同位素比例，以及其包含的空气成分与"海盗号"空间探测器测得的火星大气一致，这些都证明它来自火星。它形成的时间是由测定化学元素钐钕比和铷锶比得到的，根据这些母子关系似的放射性元素衰变配对比可以测得物质的年龄。它在地球上呆的时间可以由常规的碳14年代测定法确定，而它花在星际旅行上的时间可以从宇宙射线引发的同位素改变量来了解。把后两项时间加在一起，可以告诉我们星体裂解事件是何时发生的。对于ALH84001职业生涯的大致年表，科学界基本没有争议。

　　ALH84001是由美国国家科学基金会南极陨石项目小组于1984年12月27日在南极洲的艾伦丘陵发现的。当年，它曾登上了全球新闻的头条。因为它是以极低的概率从火星来到地球的陨石，而且当时的科学家宣布它很可能包含有火星细菌的微型化石证据。

　　1996年8月，美国国家科学基金会南极陨石项目小组在《科学》杂志上发表了对ALH84001研究的结果：火星上35亿年前曾有细菌存在。研究小组还提交了一系列关于过去生物活动的证据，包括岩石内存在碳酸盐球、有机多环芳烃类(PAH)、类似细菌化石微小结构的照片，以及矿物晶体，包括磁黄铁矿、硫复铁矿和磁铁矿，一般认为它们是来自生物的。

火星上的UFO是什么

不明飞行物（UFO）是当今世界的科学悬案之一。自1947年首次发现至今，世界各国每年都能收到成千上万件"目击报告"以及有关的照片、录像等资料。

地球上的UFO已经让人不知所以然，现在又传出了火星上也冒出了一个UFO!据英国广播公司(BBC)2004年3月18日报道，美国的"勇气号"火星探测器在研究火星大气时意外地拍到了一张从火星上空飞过的呈雪茄状的不明小飞行物的照片。显然这是从另一颗行星上看到的第一个UFO。事实上，"勇气号"能捕捉到这个画面非常偶然，因为虽然它在火星上，却很少有机会将镜头对准太空。这一次"勇气号"上的全景照相机获得了意外之喜，捕捉到了正穿越火星天空的UFO。

这个UFO是什么？美国国家航空航天局的科学家称，它是当时火星天空中最明亮的物体。如果这个UFO不是流星，那么它极有可能会是仍在绕火星运转的7

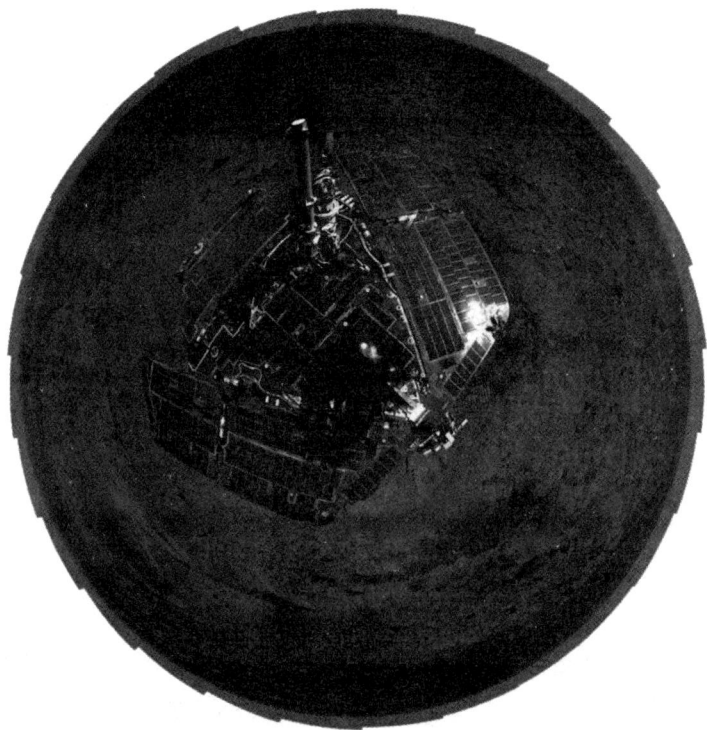

"勇气号"在火星表面的自拍照

艘被废弃的火星探测器中的1艘。得克萨斯州的马克·莱蒙博士说："我们可能永远都不知道它到底是什么，但我们仍在积极寻找线索。"但无论如何，"勇气号"捕捉到UFO，这本身已经够幸运的了，别忘了，"勇气号"的主要任务可是研究火星表面的岩石和土壤，探查火星上是否有水或生命的迹象。

从这个不明飞行物的运行轨迹来看，科学家认为它不是俄罗斯火星探测器"火星2号"、"火星3号"、"火星5号"，也不是美国的火星探测器"水手9号"。如此一来，只剩下1976年登上火星的美国的两艘探测器——"海盗1号"和"海盗2号"，而发送它们的两艘飞船至今仍在轨道中飞行。此外"海盗2号"的轨道运行方式也符合不明飞行物南北方向的飞行轨迹。因此，如果不明飞行物真是被废弃的火星探测器，那么它极有可能是当年运载"海盗2号"的飞船。另据报道，"火星环球探索者"于2000年1月11日也曾拍摄到整体形状呈心形，以及三角形的物体的照片。此外还有许多结构特征似乎也能够证明那是一个人造物体，或者是该物体坠落到火

□ 火星上的镖状不明物体

在"勇气号"火星探测器发送回地球的图片中，有一个奇怪的物体。若不仔细看很容易漏掉，甚至就算发现了也会被认为是垃圾。但是放大图片之后，你会发现那绝不可能是垃圾，而是一个镖状的物体。有人怀疑那是镜头上的污物造成的，如果真是这样，那每一张照片都应该会拍到，而且会越来越模糊才对，可事实并非如此。因此，这个镖状物体很可能是火星上土生土长的。那么会是什么呢？科学家至今还没有进一步的结论。

星表面之前，飞船推进装置造成的痕迹。事实上，"海盗号"火星探测器于1976年也曾拍摄到类似的场景。也就是说，该物体是第二次被人类拍摄到。不管最终能否证明这个说法，但有一点是可以肯定的：它不会是"外星人"的杰作。

火星卫星是人造天体吗

1958年，苏联一位名叫谢克洛夫斯基的天文学家，突然发表了一篇令世界哗然的文章。文章宣布，根据他对火星两个卫星的观测和研究，他认为，这两个小火卫并不是天然卫星，而是"中空"的"人造天体"。

谢克洛夫斯基教授的主要依据是，根据他的精确测定，两个"火卫"的运动中有人造地球卫星特有的"加速现象"，它们绕火星的公转周期每天会缩短百万分之一秒。这样，大约2.8亿年后它就会坠落在火星表面上。谢克洛夫斯基教授分析，造成运动加速的原因是火星大气的阻力。但火星稀薄的大气要造成如此明显的影响，必要条件是火卫的质量很小，而

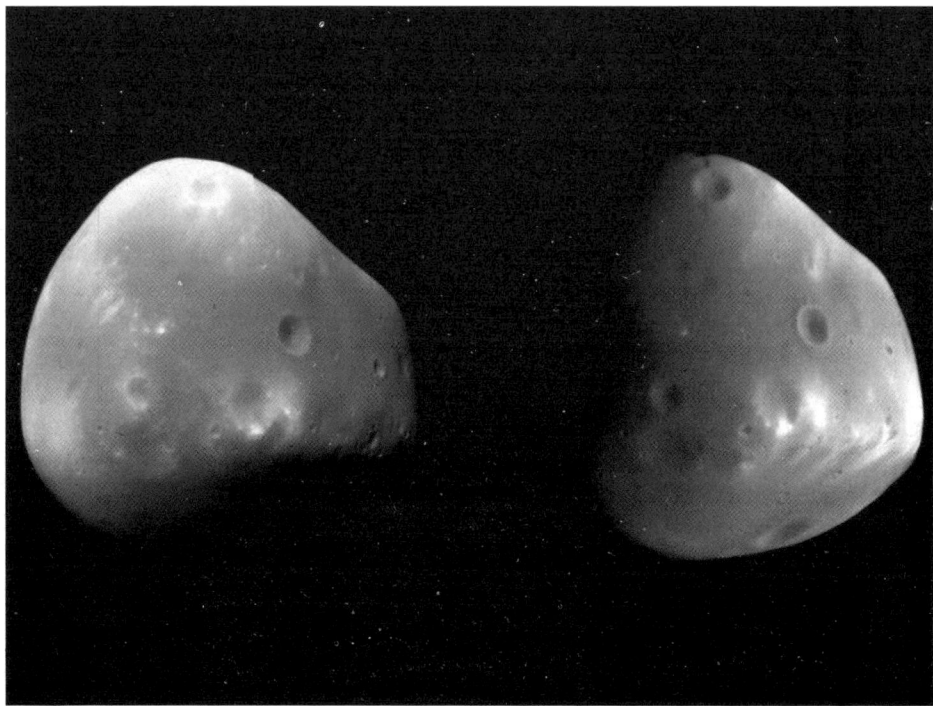

火卫二

根据这样小的质量和观测到的卫星的大小，其平均密度只能比空气还小，大约为水的千分之一。因此，火卫必然是"中空"的。一颗内部空心的卫星绝不会是大自然的产物，只能是高度智慧和科学技术的结晶。教授进一步推测，认为两颗火卫的实际大小只在1千米左右（而不是通常认为的几十千米）。它们之所以像几十千米那样亮，是因为它们的表面是金属——某种特殊金属做成的。

余下的结论不言而喻了：这两颗火卫是高度发达的"火星人"制造的"人造火星卫星"。那些超越我们的"火星人"，现在如果不是生活在火星的地下深层，就一定是在火星环境变坏之前远走高飞了。这两颗"人造火星卫星"，就是当年他们临别时的"杰作"。"火星人"已把他们高度文明的标志，统统放进这两个"太空博物馆"内了。

还是空间探测的资料否定了这个美丽的神话。从近距离拍摄的照片看，火卫跟雄伟精致的博物馆天差地别。不规则的外形、疤痕累累的表面，只会使人联想起那些被鼠咬虫蛀过的大土豆。现在知道，火卫的加速

□ 太空怪物今何在

1992年9月25日，美国"火星观察者号"发射升空。令人不解的是，它在进入火星轨道时曾拍摄到一张震撼人心的照片，科学家无法予以剖析。照片上是一只巨大无比的鱼形怪物，长着金鱼一样的大眼睛，张着三角形的大嘴，扁圆形的身躯，大大的尾巴像鲸一样，周围还闪烁着神秘的星光……可惜的是，"火星观察者号"再次光临火星时却突然命殒太空，连同这张有怪物的照片，留给人们的是诸多不解和疑惑。科学家至今也不清楚它究竟是什么，又是在什么情况下拍摄到的！

其实是一种"潮汐效应"，加速的值也不如那位教授所说的那样大。

不过在当时的年代，谢克洛夫斯基的观点确实吸引过许多人。谁不希望在茫茫太空中能发现一些"邻居"呢？何况他的观测理论是根据最新的人造卫星科学研究得到的。

火星探测器中的数个第一

第一个成功飞越火星的探测器是"水手4号"，它于1965年传回了第一张火星表面的照片。"水手4号"探测器除了近距离对火星进行科学观测，将结果传回地球外，还在火星周围执行行星际的地表及粒子测量，为星际航行提供经验。"水手4号"成功地完成了赋予它的全部任务，传回大量

有用的资料，记录到了83次微陨石撞击。科学家由"水手4号"发回的图片分析得出的结论是：陨石坑与薄大气层显示，在该行星上存在智慧生物的可能性极小，即使存在，也是很小、很简单的。

第一个环绕火星探测的是"水手9号"探测器。它于1971年5月30日发射升空，同年11月14日抵达火星，成为第一个环绕火星的探测器。与此同时，"火星2号"和"火星3号"也在同一个月抵达，传回了十分清晰的火星地表照片。资料记载，"水手9号"抵达火星时，火星上正爆发严重沙尘暴，地面一片黄蒙蒙模糊不清，"水手9号"上的电脑无奈被迫停工，直到几

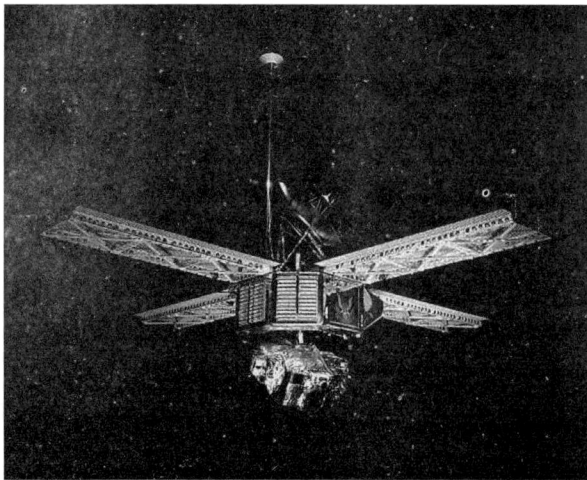

个月后沙尘暴平息才开始正常工作。"水手9号"在轨时间349天，共发回7329张照片，超过80%的火星地表被覆盖在内，最高分辨率达1000米/像素×100米/像素。照片揭示了火星上的河床、陨石坑以及巨大的火山（如奥林匹斯山）、峡谷（如水手谷）等。火星上的水手谷就因为"水手9号"的卓越功绩而命名的。

　　第一次向地球发回彩色立体照片，第一次采用自由下降方式降落在火星表面，第一次携带机器人登陆火星的是"火星探路者号"探测器。它的任务是探测火星大气和地质构造。它携带的小型机器人——"索杰纳号"火星车，重约10千克，使用太阳能动力，行驶速度最快为每秒6厘米。在"索杰纳号"火星车上还有一台阿尔法质子射线光谱仪，供分析岩石的

□ 至今已有多少个探测器造访火星

　　自从"阿波罗"航天员登上月球之后，火星已成为人们心目中理所当然的下一个探测目标。到目前为止，已经有超过30枚探测器到达火星，对火星进行了深入的探测，并向地球发回了大量的数据。毋庸讳言，人类发射的火星探测器，特别是早期发射的，大约有三分之二都没能完成赋予它们的使命，不是折戟太空，就是去向不明，但是火星的探测却在一次又一次的失败中不断前进。"机遇号"、"勇气号"以及"好奇号"等等火星探测器不是都成功地登上了火星，取得了不平凡的探测结果吗？

化学成分用，并将分析结果传回地球。科学家发现，火星岩石成分竟然与地球岩石成分非常相似。"探路者"的功绩之一是为以后的探索以及人类登上火星奠定了基础。

为什么要进行"火星500"

人类对月球的探索正以前赴后继之势高潮迭起，美国航天员在月球上留下的第一个脚印和"个人一小步，却是人类一大步"的名言已载入史册！但是与探月登月等相比，火星上的"第一个脚印"仍遥不可及！

当然，首先是航天技术方面的挑战，登陆火星与登陆月球根本无法相提并论。另外，在飞向火星的漫长征途中，航天员必须长期处在一个狭小、密闭的航天器环境中，对人的承受能力提出了极大的挑战。从生理上来说，有可能使免疫功能下降，容易出现急性病症；从心理上来说，由于成员间文化背景、生活习性以及个性等方面的不同和差异，航天员会产生焦虑、紧张等情绪。人类目前在太空的最长记录是438天（由俄罗斯航天员波利亚科夫在空间站上创造的），但往返火星所需的时间肯定会超出438

志愿者在这个密闭系统中完成了"火星500"试验

天。再从医学保障角度来看也是个棘手的问题，那样长时间的飞行且环境等条件极差，生病是很正常的，生了病怎么办？通信时间的延迟也会带来种种麻烦，比如在火星上讲一句话，通过信息传输到地面需要十几分钟，就算信息立刻返回又是十几分钟，这一来一回时间的延迟，所造成的影响想想都可怕！凡此种种，都必须在把人类送上火星之前考虑清楚。我们必须在地面上模拟好载人探测火星的全部过程，才能对所出现的问题提前做好应对的准备！

因此，俄罗斯组织了一个多国参与的探索火星的国际试验项目——"火星500"。它是人类首次在地面上模拟登陆火星和返回火星的全部经历。"火星500"项目，除了太空飞行重力变化和太空辐射环境没有模拟外，其他所有方面都做了逼真的模拟，具体模拟这样一些方面：

第一是生活环境的模拟。志愿者生活的试验舱与航天员将来真正生活的太空舱是一样的。

第二是飞行程序实验。在520天

□ "火星500"的三次试验

"火星500"试验项目从2003年开始策划，2007年11月15日至29日进行了为期14天的由6名志愿者参加的隔离试验，作试运行测试，这6名志愿者有一位名叫王跃的中国人。随后又进行了两次试验，时间是2009年3月11日至7月14日和2010年6月3日至2011年11月4日。其中最关键的是第三次共520天的试验，志愿者顺利完成了"火星之旅"。

的向火星飞行中，全部按照真实的飞行状态1∶1地模拟。

第三是通信和通信延时的模拟。志愿者在模拟舱内不能看电视也不能上网，与地面的通信完全模拟真实的飞行中天地通信的状态。延时通信的模拟从第54天起实行，第一天延时1秒，随着实验的推进，延时越来越长。

第四是登陆火星的模拟，模拟在火星上工作。

为什么"萤火一号"壮志未酬

"萤火一号"是我国探测火星的先行者！研制团队从2006年10月开始预研到2009年6月胜利完成，仅用了32个月（一般需要5年左右时间）。他们克服的技术难关数不胜数，其中尤以在−260℃的超低温环境中，"萤火一号"不被"冻死"的"深冷环境适应性技术"、"活动部件及电子器件的休眠—唤醒技术"、"整星磁清洁控制技术"、"深空测控技术"和"姿控自主控制技术"这5道关隘最为险峻、艰难！

"萤火一号"高60厘米，长和宽均为75厘米，太阳帆板展开可达7.85米，重110千克，设计寿命2年。装有离子探测包、光学成像仪、磁通门磁强计、掩星探测接收机等8样特种设备，用以探测火星的空间磁场、电离层和粒子分布及其变化规律，探测火星大气离子的逃逸率，探测火星的地形、地貌和沙尘暴以及探测火星上水消失的原因，等等。

根据计划，"萤火一号"需要先搭载在俄罗斯的"福布斯—土壤"火星探测器上飞行10个月，然后分道

扬镳独自进入绕火星的椭圆形轨道，在近火点（距离火星最近点）800千米和远火点（距离火星最远点）80 000千米，轨道倾角±5°的火星大椭圆轨道上实施探测任务。

中国科学院于2009年6月10日公布了"中国2050年科技发展路线图"。其中指出，到2050年左右要实施载人登陆火星的战略目标。根据有关资料介绍，我国探测火星将分四个阶段：第一为准备阶段，对火星环境进行分析研究，同时要求国际合作；第二阶段，发射环绕火星的卫星，探测火星的环境（包括火星磁场、电离层和大气），并为在火星实施软着陆做准备；第三阶段，向火星发射软着陆登陆装置，实验着陆技术，并为在火星上建立观测站做准备；第四

□ "福布斯—土壤"火星探测器夭折太空

2012年11月9日，俄罗斯的"福布斯—土壤"火星探测器发射升空。它的主要目的是从火卫一上采集土壤样本并送回地球。该探测器同时搭载了中国首颗火星探测器"萤火一号"，这是中俄联合探测火星的一次计划。当"福布斯—土壤"探测器在与"天顶号"火箭分离进入近地轨道后，按原要求，探测器上的主发动机应即时启动，将探测器送入飞往火星的轨道。遗憾的是，该探测器主发动机始终"沉默"。意外事故的出现，最终导致"福布斯—土壤"和"萤火一号"双双夭折！

阶段，在火星上建立观测站，并建立由机器人照料的火星基地，大力发展地球—火星往返式飞船，为今后的载人火星飞行和建设有人观测的基地准备条件。

遗憾的是，搭载的俄罗斯"福布斯—土壤"探测器在火星飞行的最初就折戟太空，致使我国的"萤火一号"壮志未酬。

为什么说"火星一号"前程似"镜"

　　"火星一号"是一项庞大的科学探索计划。计划要求到2023年将两男两女送上火星，成为首批火星移民。该计划的最大特点是全程均由总部设在荷兰的同名民间机构实施。显然，这是一张有去无回的单程票。因为，就目前人类的科技水平，要从地球飞到火星已经非常吃力了，即使登上火星，一切都要从零开始。当然，从技术角度来看，也许难不倒地球人，但所需时间将大大超过从地球飞向火星的准备时间，第一批移民在有生之年能返回地球的可能性微乎其微！因此，说这是一张单程票既确切又让人无奈！

　　"火星一号"航天员的招募采用海选方式，全球从2013年4月22日启动至同年8月31日截止。海选的条件初看似乎并不高，如只需年满18周岁，身高在1.57米至1.9米之间，视力达到1.0即可，甚至包括校正后或佩戴隐形眼镜后，等等。这些要求与传统航天员的选拔标准相去甚远。但若对照计划中航天员应具备的五大关键特征，可以说选拔门槛一点也没有降低。比如，第一承受能力要特别强，始终能保持最佳的自我状态；第二适应性要强，能宽容他人，对待不同意见；第

三要有好奇心；第四责任心强；第五要有创造力，善于将不利转化为有利。根据海选要求，航天员的筛选是反复进行的，并实行多批淘汰。之后，还要经过7年的专业和体能训练。因此，最终与训练传统航天员不会有太大的不同。若真正是低门槛，岂不等于自毁长城！

移民火星的困难是众所周知的，即使是探测火星也已遇到很多难题。如距离远，地球距火星有4亿千米之遥；通信延时长，信号来回大约需要半小时；由于距离远导致测轨精度必然降低，需要采取新技术来保证飞行器制动的准确性；同样由于距离远，飞行时间也更长，从地球飞到火星单程就需要10个月。更让人头疼的是，在这10个月的飞行中，"日凌"现象对测控通信的影响将达2个月左右（所谓"日凌"是指太阳、地球、飞行器处于同一条直线上，太阳辐射会影响通信……）诸如这样的

□ "火星一号"计划是什么

"火星一号"计划已经启动，实施时间是这样安排的：2014年，研制发射等系统；2018年，"龙"飞船将2500千克物资运抵火星，并选定人类在火星上的定居点；2023年，4名航天员登上火星；2025年，第二批4名航天员登陆火星；2033年，在火星上建成至少拥有20名地球人的火星乐园。

难题还有很多。

那么，"火星一号"计划绘就的美好蓝图，会不会成为镜中之花？该计划会不会像一场"吸金"的商业炒作，是借科学的光环来牟利？

对一项庞大的科学探索计划，存在多种看法和预判并不奇怪。即使计划以失败告终，也必然会留下值得后人借鉴之处。

"好奇号"火星车取得了哪些卓著成果

"好奇号"火星车自2011年11月25日成功发射，至2012年8月6日以极高的精度登陆火星后，对这颗红色星球进行了一系列勘测，取得了重大成果，归纳起来有这几个方面：

一是发现了古代火星河床。"好奇号"发现，在数十亿年前，这条古代河床还是一条有齐膝深水的河流。这说明在火星上，几十亿年前至少有些地方的环境是适宜居住的，或许那里还有生命存在。

二是在火星上钻岩取样。"好奇号"利用冲击式钻头在名为"约翰—克莱德"的岩层钻孔，深达6.4厘米，这也是人类研制的探测器第一次在火星上钻孔取样，或许能爆出重大的新发现。

三是证明火星曾出现适居环境。古代齐膝深河流的出现是火星曾经适宜居住的一个标志，而"约翰—克莱德"岩层中钻取到的粉末经分析，其中有重要的化学元素，如硫、氮、

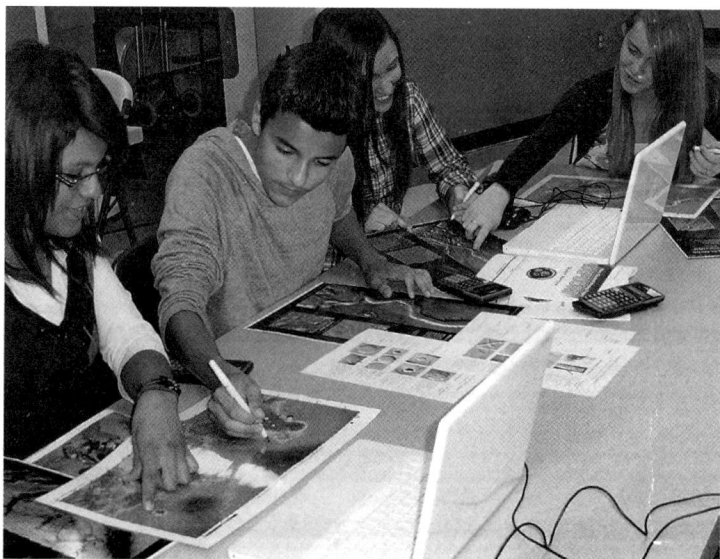

美国高中生在体验分析"好奇号"火星车传回的数据

氢、氧、磷和碳。这就再一次证明，这里曾出现有水环境，可能是一个湖泊，水呈中性，含盐度不高，能够适宜生命的存在。

四是测量火星辐射。对火星辐射的测量可以使科学工作者进一步了解辐射可能对潜在的火星细菌和未来人类登陆火星造成的危害。这种测量是火星探索史上的第一次。测量结果显示，火星上的辐射水平与国际空间站中航天员受到的辐射不相上下。这一测量数据实在令人鼓舞！表明航天员在火星上即使执行时间较长的往返式任务，对航天员的身体也不会构成太大的影响。当然正对着火星爆发的太阳辐射不在此列。

五是"好奇号"的火星探测，使普通百姓对火星探索的兴趣提高到了空前的程度。"好奇号"成功着陆火星至今，人们对"好奇号"的关注度可以说有增无减。"好奇号"传回地球4.9万幅照片，人人可以到"好奇号"任务的主页上去欣赏。

六是"好奇号"探测器的大获成功，能够在预算紧张的情况下向"行星科学"探索继续加注动力。比如，2013年美国国家航空航天局

□ "好奇号"之名如何而来

2008年11月18日，一场面向全美5至18岁学生的为新火星车征集名字的比赛拉开序幕，这是美国国家航空航天局为各种航天器向学生征集名字的惯例。

来自堪萨斯州11岁的华裔女孩马天琪参加了这次征名活动，她为新火星车取名"好奇"，并写道：好奇心是人类永不熄灭的火焰……没有它，我们将不是今天的我们。

工作人员从近一万名参加征名竞赛的参赛选手中，先筛选出30名，再确定3名决一胜负，最后马天琪拔得头筹。在2009年火星车命名仪式上，"好奇号"火星车成为马天琪的忠实朋友。

的行星科学研究计划曾被削减20%，"好奇号"的成就或许会使情况有所改观。正如行星科学负责人格林所说，"好奇号"对我们是一个巨大的机遇，相信它会开启太空探索的新时代！

"好奇号"恐怖7分钟

"好奇号"着陆火星的过程可分为进入、降落、着陆(简称EDL)三个步骤。从大气层到火星表面,"好奇号"要从5.9千米/秒的速度降至零,而留给它的时间只有7分钟。这7分钟被称为恐怖7分钟!这是由于火星信号传回地球需经过十几分钟,显然,地球上的测控人员无法对它提供任何帮助,一切都要靠"好奇号"自己来解决!

"好奇号"采用了"阿波罗"飞行器式的进入制导技术,用以提升着陆精度(比以前着陆器提高5倍)。当"好奇号"进入大气层后,必须调整与大气层的切入角度,以获取最大的升力,同时作"S"形机动飞行以进一步提高着陆精度。"好奇号"在全部

"好奇号"火星车

EDL过程中，90%减速是在降落伞打开之前，在飞行器和火星大气剧烈的摩擦中完成的。经过大气层的减速，"好奇号"的速度已降至470米/秒。此时，侧向火箭推进器点火以便控制"好奇号"落向预定着陆点。火星大气层的稀薄使"好奇号"无法降至安全速度，因此在进入火星大气层后的254秒，距火星地面11千米时，飞行器打开降落伞。这顶降落伞的直径约16米，重仅45千克，能承受29 500千克的拉力，是迄今为止最大、最结实的降落伞。即使如此，"好奇号"在离地只有1.6千米时，速度仍有80米/秒。降落伞打开86秒后完成历史使命与"好奇号"分离。此时8台反冲发动机启动，"好奇号"迅即向一旁飞去，以免撞上已分离的降落伞。反冲发动机使"好奇号"迅速减速，但不能太接近地面，以防因反冲发动机的巨大力量使地面扬起大量尘埃，而尘埃回落下来时很可能会降落到"好奇号"上，昂贵的设备一旦被尘埃笼罩，后果难以设想。解决这个难题依靠的是空中吊车系统。当"好奇号"速度降至0.75米/秒时，新颖的空中吊车系统启动，使"好奇号"稳稳地降至离地

□ 为什么载人火星探测器要在太空组装完成

由于尺寸和质量的原因，火星任务组合体（如火星探测器等）无法作为一个整体结构发射进入近地轨道，而必须以独立模块形式（一个个较小的整体结构）发射到近地轨道，最后在国际空间站或独立的轨道组装机构中进行组装。

20米处，然后再稳稳地将"好奇号"放置到火星表面上。当"好奇号"轮子接触地面的瞬间，抗震系统会自动开启，同时向空中吊车发送安全着陆信号，此刻空中吊车迅即切断与"好奇号"的联系，并飞离着陆点。恐怖7分钟胜利结束，"好奇号"安全着陆在盖尔陨石坑的一个5千米高地附近的层状沉积物上，这是经过5年选择的最佳着陆点。

火星探测的前前后后

1962年11月1日，苏联的"火星1号"探测器从射场启程，飞向遥远的火星。这枚探测器成功进入了前往火星的轨道，计划于次年6月19日到达火星，但是当它3月21日飞行到距离地球1.06亿千米时，与地面失去了联系。

"火星1号"通常被认为是人类第一个飞往火星的探测器，但这次火星探测失败了。

事实上，"火星1号"并不是人类火星探测的首次尝试。在此之前，苏联已经发射过3颗火星探测器，均以失败告终。其中前2颗连地球轨道也未能到达，第3颗也仅仅到达了环绕地球的

轨道。紧随"火星1号"之后升空的另一枚探测器同样只到达地球轨道，之后火箭未能再次成功点火，两个月后坠入地球大气层烧毁。

苏联／俄罗斯火星探测的历史几乎将"坎坷"一词演绎到极致，50多年来，苏联／俄罗斯共发射了20颗火星（包括火星卫星）探测器，除"火星2号"和"火星3号"取得瞬间的辉煌之外，其余绝大多数都如石沉大海般无声无息。

美国的第一次火星探测也以失利告终。1964年12月5日，"水手3号"探测器发射升空，因探测器的保护外壳未能按预定计划与探测器分离，导致探测器偏离轨道，最终失败。

火星探测首飞必败，几乎像魔咒一般缠绕着人类。日本是第三个尝试火星探测的国家。1998年7月3日，日本发射了"希望号"火星探测器。在艰难地飞行了5年之后，它最终被放弃，日本的首次火星探测行动也宣告失败。而中国的首次火星探测同样遭

遇挫折，"萤火一号"先是因故推迟发射两年，而两年后的发射又因俄罗斯探测器出现故障而失败。

虽然悲剧一再上演，但火星的巨大吸引力使人类探索火星的行动不但没有停止，反而愈挫愈勇，并取得了巨大成就。

人类火星探测的成功记录始于1964年12月28日，美国"水手4号"在那一天发射升空，成为有史以来第一枚成功到达火星并发回数据的探测器。"水手4号"于1965年7月14日在火星表面9800千米上空掠过，向地球发回21张照片，此后又在环绕太阳轨道上花费三年时间对太阳风进行探测。"水手4号"发回的数据表明火星的大气密度远比此前人们认为的稀薄。

之后，美国的"海盗号"、"奥德赛号"、"勇气号"、"机遇号"、

□ 为什么火星是星际探测的首选

把登陆火星作为星际探测任务的目标，主要是因为火星拥有真正的"海洋"，虽然它还封存在土壤的永冻层中；而且它还有大量的碳、氮、氢、氧元素（这四种元素是食物和水的基础，以及最重要的火箭燃料），只要具有足够的智慧，就能让它们为我们所用。虽然火星地表没有液态水，但我们有充分理由相信火星的地热能源现在还支持着地下的热水储备，可以为未来的人类提供充足的水源和地热能源。一旦有了屏蔽太阳耀斑的大气层，火星是唯一有能力利用天然日光维持大型温室的地外星体。有了这些条件还不够吗？

"凤凰号"等探测器都取得了空前的成就。2012年8月6日成功登陆火星的"好奇号"，到目前为止表现优异，更让人们产生了新的期待。

在飞向火星50年后，对人类火星探测历程进行认真梳理、分析与反思，总结成功经验和失败教训，为未来的火星探测提供借鉴是非常必要的。

"中国筷子"为什么神奇

　　"中国筷子"是一个具有鲜明特征的形象化比喻，实际上，它是欧洲空间局发射的"火星快车"探测器中的一个关键器件——岩芯取样器，具有磨、钻、挖和抓取土质等许多功能。之所以命名为"中国"，是因为它是由中国人研制成功的。它的发明者就是香港理工大学工业中心总监黄河清博士，地地道道的中国人。又之所以称为"筷子"，原因是岩芯取样器的功能和筷子有几分相似之处，都是用于抓取物品的。

　　"火星快车"是由欧洲空间局研制的探测器，用于探测火星上是否有水和矿物。当"火星快车"探测器到达火星轨道后，探测器上会展开一对长20米的雷达天线，雷达发出的低频无线电波可以穿透火星地表，探测地表下是否有水及矿物，然后将所得到的图片及数据信息传送回地球。在"火星快车"探测器上装有"贝格尔2号"着陆器，其主要任务除了寻找水、研究火星现在的气候变化特征等外，最重要的活动就是采

集土壤和岩石样本进行分析。也就是说，"贝格尔2号"最终将离开"火星快车"探测器，在降落伞和气囊的保护下，在火星表面软着陆。虽然"贝格尔2号"本身不会活动，但它会放出被称为"鼹鼠"的爬行器，以每6秒1厘米的速度在"贝格尔2号"周围爬行，收集样品，然后在机械臂的帮助下将样品送到"贝格尔2号"内进行分析。

"中国筷子"就是"贝格尔2号"的贴身"法宝"。"中国筷子"可以轻松地抓住直径20厘米以下任何形状的物体。和同类仪器相比，它更为轻巧，重仅370克。它不仅可以在地表下进行挖掘，还能毫不费力地完成切割和打磨等一系列复杂的取样工作。它也是人类搜寻火星生命的关键

□ "火星指令计划"小插曲

"火星指令计划"是美国国家航空航天局制定的一个模拟火星生活试验的一部分内容。2000年7月，由6名英国、美国科学家组成的一支试验小组在北极圈内的德文岛进行了模拟火星环境生活的试验，为期两个星期。参加试验的科学家都是有关部门严格挑选出来的。该试验在一个8米长、6米宽，形同"大金枪鱼罐头"的模拟太空舱里进行。太空舱里模拟了人类可能在火星环境下的生存状况。舱外是厚约13厘米的防护罩，主要用来阻挡太阳的辐射。

工具。

据说"中国筷子"最初的灵感来自牙医用的抓钳工具，后逐步发展成七十多件可相互接驳的灵巧组合。早在1995年，"中国筷子"就曾被应用于俄罗斯的"和平号"空间站，为航天员在太空进行精密焊接立下汗马功劳。

什么是"引力跳板"

空间探测器在借助行星引力改变轨道的同时，会得到更大的速度，这样就可以减少飞向目标行星的飞行时间。这种借助行星引力支援的飞行，通常称为"引力跳板"。"引力跳板"的重要意义在于，在星际航行中可以利用行星的引力作用改变探测器运动速度，从而可以在没有任何动力消耗的情况下对探测器加速，最终缩短星际航行的时间。

在太阳系行星际探测中，已广泛采用了"引力跳板"。它从两个方面使探测器的飞行轨道发生变化：一是根据探测天体的质量、探测器的飞越高度和相对速度，使轨道受到一定程度的偏转；二是根据探测器的飞入角大小而改变其速度。因此，为了准确地借力飞行，应当事先确定探测器的

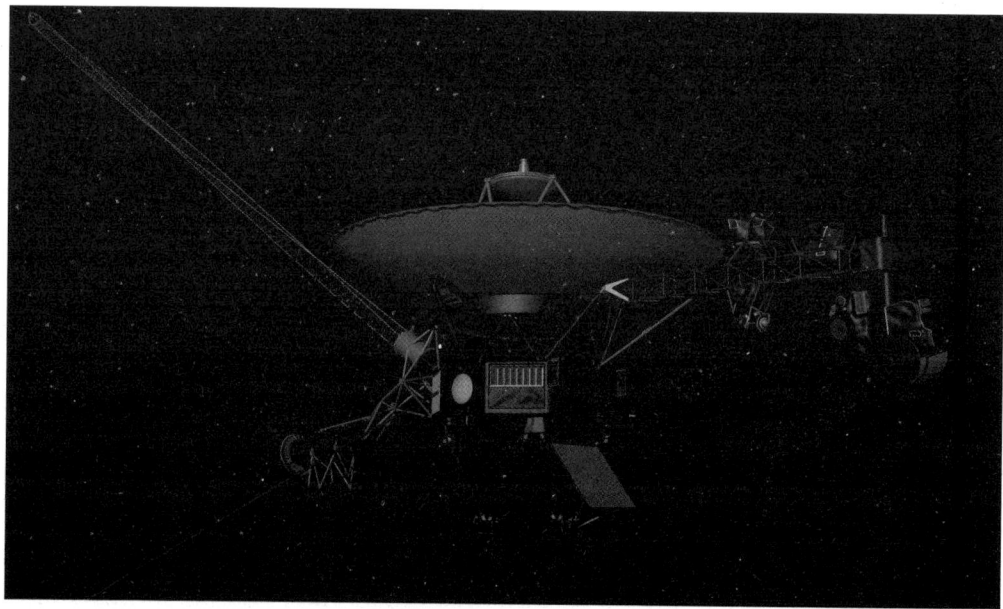

"旅行者号"空间探测器

飞入高度和飞入角度，并随时注意其速度的微小变化。探测器在星际航行中，必须进行跟踪、监测和调整。因此只要知道探测器在任何时刻的确切位置和速度，就有可能对它的轨道进行必要的调整，从而飞向最终目标。

空间探测器的"引力跳板"有三个主要优点：一是可以节省运载火箭和探测器所携带的燃料。运载火箭只要达到一定的初始速度，就能利用行星"引力跳板"飞向遥远的星际空间；二是可以缩短星际航行时间，如果探测器选择最经济的双切椭圆轨道飞行，飞向土星需要6年，飞向天王星需要16年，飞抵海王星需要31年，而假如借助木星"引力跳板"的作用，飞抵土星只需3~4年，飞到天王星只需8~9年，飞到海王星也只需12年；三是可使探测器进入非常特殊的轨道，进行难得的探测活动。例如，美国发射的"旅行者1号"和"旅行者2号"探测器，利用1982年"九星联珠"的机会，先后借助木星、土星、天王星的引力做"跳板"，从木星"跳"到土星，从土星"跳"

□ 为什么月球可以成为飞向火星的"跳板"

月球是一个低重力、超高真空、巨大温差、一昼夜长达27个地球日，且要随时面对强大的宇宙辐射的这样一个具有严酷自然条件的星体，因此月球并不太适宜作为居住的星球，但月面作为前哨站的意义却是非比寻常的。如在月面上可以建立大型发射场，未来飞向火星的大型飞船可以先把部件发射到月球，然后再组装。飞往火星的旅行者可以先飞到月球，然后换乘已组装好的大型飞船。当然，这中间还有许多技术、经济等方面的难关，但把月球改造成为通向火星和其他星球的"跳板"应该是完全可能的！

到天王星，继而"跳"到海王星，成为探测太阳系行星最多、探测成果最丰富的行星际探测器。1990年10月6日，由"发现号"航天飞机携带发射升空的"尤利西斯号"太阳探测器，在飞近木星之后，借助木星的引力作用，对从未接触过的太阳的两极地区进行了探测，取得了许多新成果。

什么是"火星科学实验室"

2009年，美国国家航空航天局公布了新一代的火星探索计划，并制定了四大战略目标：确定火星上是否曾经存在过生命，描述火星的气候特征，描述火星的地质特征，为载人探测做准备。"火星科学实验室"是这个探索计划中的重要组成部分，而大名鼎鼎的"好奇号"火星车就是该探索计划中的主要火星探测器。作为迄今为止最庞大、最复杂、最先进、最昂贵的火星探测计划，"火星科学实验室"将为美国21世纪实现载人登陆火星计划验证关键的支撑技术。

"火星科学实验室"主要由巡航级，进入、下降与着陆系统，以及"好奇号"火星车三部分构成。巡航级在探测器的星际航行阶段发挥作用，最多能利用6次轨道修正机会将探测器运送到火星进入轨道；进入、下降与着陆系统主要由隔热罩、降落伞和"空中吊车"着陆系统三部分组成。隔热罩主要负责隔离"好奇号"火星车穿过火星大气层时所产生的高温，降落伞主要负责将"好奇号"火星车的下降速度降至0.75米/秒，"空中吊车"着陆系统的职责主要是帮助"好奇号"火星车以零速度登陆火星表面。"好奇号"火星车长3米，宽2.8米，高2.1米，机械臂长2.1米，车轮直径0.5米，重899千克，搭载了10种探测仪器，分别为"桅杆相机"、"火星手持透镜成像仪"、"火星降落成像仪"、"阿尔法粒子X线分光计"、"化学摄

像机"、"化学与矿物学分析仪"、"中子反照率动态探测器"、"火星样本分析仪"、"辐射评估探测器"和"火星车环境监测站",能够从物理、化学和生物等角度开展一系列科学研究。

"火星科学实验室"还肩负着一个重要使命:确定火星的适居性。为完成这个使命,"火星科学实验室"在四大领域制定了执行目标。生物领域的目标是:确定有机碳化合物的性质与详细目录,为构成生命的化学成分(碳、氢、氮、氧、磷、硫)编目,识别可能表述生物过程的特征。地质与地球化学领域的目标是:研究火星表面和近表面区域物质的化学构成,解释岩石和土壤的形成过程。行星演化领域的目标是:评估长时间范围(例如40亿年)内的大气演化过程,确定水和二氧化碳目前的状态、

"火星科学实验室"中的关键技术

"火星科学实验室"的关键技术主要体现在以下四个方面。首先,可拼接扩展的隔热设计:"火星科学实验室"的隔热罩使用了一种名为"酚醛树脂浸渍碳烧蚀体"(PICA)的材料。与以往火星着陆器的隔热罩相比,新型隔热罩不仅可拼接扩展,而且可承受更加苛刻的进入环境。其次,安全准确的着陆方式:这种新型的进入、下降与着陆系统的最大亮点在于能将着陆器的着陆精度由150千米提高到20千米。第三,灵活稳定的供电能力:它采用了波音公司制造的"多任务放射性同位素热电发生器"供电,可避免太阳能供电因火星表面气候条件恶劣影响任务完成质量等问题的发生。第四,自主快速的通信能力。

分布和循环过程。表面辐射领域的目标是:确定表面辐射的广谱特征,包括宇宙射线、太阳质子事件和次级中子。

为什么"灵感火星基金会"要抢先登陆火星

　　为能早一日实现火星之旅，美国前火箭工程师、亿万富翁丹尼斯·蒂托创建了"灵感火星基金会"，目的之一是加速美国的太空载人探险计划，同时也可推动科学技术、工程以及教育领域的发展。蒂托在一份报告中认为，2018年将实现载人往返火星旅行，这是基于美国拟在2031年实现首次人类登陆火星时，蒂托本人因年龄关系或许会赶不上这个好日子而提出提前至2018年，这或许是"灵感火星基金会"最为看重的一条！

　　蒂托准备挑选一对已婚且已有了孩子的中年夫妇，作为2018年火星之旅的乘客。这对夫妻要自愿承受因长时间暴露在太空辐射中，可能会影响生育能力的风险。他们还要忍受一年半左右的时间里住在只有4.3米×3.7米的"龙"载人飞船舱的不适。由于一切仅以生存需要为目的，而且还要长

为增加空间，"灵感火星"计划给"龙"飞船增加了一个充气的居住舱

时间处在失重状态环境中，这对男女乘客必须体格强健、心态平和。伦敦帝国理工学院天体物理学家西蒙·福斯特认为，要能顺利完成这次旅行，内心必须具有"令人难以置信的心理韧性"。好在这两名乘客是夫妻，在精神上可以相互支持和鼓励，可以随时分享各自的内心感受。这应该归功于蒂托的"慧眼"！

将2018年1月定为这次"火星旅游"的时间，主要是由于火星与地球的距离在这个时候较近，一旦错过这个时间，那就得等到2031年了。这次火星之旅要经历501天的太空生活，这比人类至今最长的太空生活纪录还要多出60多天。尽管"火星500"实验中，志愿者已经历过500多天的封闭式模拟训练，但模拟不能等同于真实的火星之旅。在整个旅途中，乘客并不会登陆火星，但会乘坐飞船进入距离火星表面大约160千米的轨道，与火星"亲密接触"，欣赏火星的壮观与美景。

由于此次火星之旅存在着一定风险，如飞船在飞行中能否长时间地屏蔽或降低高能离子对人体的损害，加上种种其他不确定因素，外界对其诟病较多。但不管如何，正如美国国家

□ 冯·布劳恩的 "火星梦"

一代航天专家冯·布劳恩，在一部火星探险的科幻小说中这样描绘：首先发射7200吨载荷进入地球低轨道，在轨道上组装成10艘质量为3720吨的飞船，准备执行对火星的远征探险。飞船中7艘载人，共可搭载70人，3艘载货。运载火箭采用三级，发射后第一、二级分离后用降落伞回收，由拖车返回基地；第三级是有翼的，可以从轨道载入后直接返回发射基地。然后制造46枚重型火箭，发射950次，并进入轨道组装成巨型飞船后进入火星轨道，最后降落在火星基地；航天员可乘坐火星车到达预定着陆场，并修建机场，建设基地，展开400天大规模科学考察……冯·布劳恩的"火星计划"尽管与事实相差甚远，但具有开创意义。

空间研究院的阿努·欧嘉所说的：这次火星之旅的最大亮点，是其显现出的人类身心的忍耐力是前所未有的。

为什么乘太空天梯可以到达火星

早在1895年，俄罗斯航天之父齐奥尔科夫斯基就曾提出用天梯向太空运行人员和物资的想法。1979年，发现同步静止卫星轨道的阿封瑟·克拉克在他的小说《天堂的喷泉》里，描述了在一个热带岛屿建造太空天梯的故事。从技术角度说明了建造太空天梯的可行性和必要性。

简单地说，太空天梯就是一条长长的缆绳，一端固定在地球上，另一端固定在地球同步轨道的平衡物上。在引力和向心加速度的相互作用下，缆绳会被绷紧，利用太阳能，缆绳可以上下运动。为了建造太空天梯，科学家打算先在地球赤道上空35 786千米高度的地球静止轨道上建造一座运行速度为每秒3.07米的空间站。只有在这个轨道上，建造的空间站相对于地球是静止的，天梯才有可能建起来。从这座空间站放下的缆绳，可以随地球一起旋转，这样天梯就可以在地球和空间站之间竖立起来。但是这个设想还有个问题尚未解决，这根缆绳很有可能会把空间站拉下来。原因是缆绳随地球一起作飞速旋转，它所受的离心力小于它的重力。为

太空天梯（想象图）

了解决这个问题，科学家想到让缆绳向上延伸大约65 000千米，这时缆绳在太空中的向上的作用力正好和空间站下面的缆绳产生的向下重力相抵消，两者达到平衡，这样空间站和缆绳就可以"固定"在太空中不会掉下来。

太空天梯还能用作一个发射系统。因为太空天梯必然会被地球带动旋转，而越高的地方速度越快。所以，将飞船、太空车从地面运送到大气层外足够高的地方，只要一点加速度就可以启航了。

你一定会想，这么神奇的缆绳是用什么材料制造成的呢？人怎样才能"爬"上这么长的缆绳，到达太空呢？显然，制造缆绳的材料要既轻又牢固。目前科学家已经研制出用碳纳米管来制造缆绳，它比钢索的强度高出几百倍，重量又很轻。至于人如何爬上去，科学家认为把缆绳做成管道，里面通电梯，管道用电磁材料或线圈制作，利用电磁力推动电梯上升就可以了。看起来"爬"上去的问题也能解决了。但电从哪里来呢？有太阳能电站呀！天梯需要的电力由卫星太阳能发电站供给。天梯越往上，受地心引力越小，所以越向上越省电。

□ 航天之父 齐奥尔科夫斯基

俄罗斯的齐奥尔科夫斯基是航天基础理论和现代航天火箭理论的奠基人、先驱者，人称航天之父。他有一句名言：地球是人类的摇篮，但人类不会永远生活在摇篮里，开始他们小心翼翼地穿出大气层，然后去征服太阳系。1903年，他创立了齐奥尔科夫斯基公式。他曾经提出的许多航天幻想在半个多世纪后都变成了现实！

如果到达了天梯的顶部，这时人或物体所获得的速度将大大超过地球引力束缚的速度。天梯向下就更省电了，有地心引力作用，几乎不需消耗电力。科学家还计算过，如果太空天梯每天24小时运行，运输费用比运载火箭低得多了。

未来的某一天，当太空天梯建成，我们就能乘太空天梯上天或再转乘飞行器到达火星等其他星球了！

电火箭怎样推进星际航行

电火箭又名电推进，是利用电能产生并加速带电粒子，从而获得高喷气速度（高比冲）的火箭。电火箭具有比冲高、寿命长、推力小等特点，非常适合航天器对空间推进系统需要的高速飞行、长期可靠工作，以及能克服较小阻力的特殊要求，是最现实的一种高效空间推进系统。

1998年美国发射的"深空1号"是世界上第一个采用电推进系统的探测器。由于采用的是电推进系统，其重量仅486千克，而具有同样功能的化学推进系统探测器的重量接近1300千克。它出色地完成了预定的各项飞行任务：1999年7月与小行星交会，2001年9月与彗星交会。"深空1号"探测器的飞行成功表明，它虽然与化学发动机的大推力推进在导航和控制方面不同，但实现没有困难，成本也无明显增加。相反，它更容易实现自主导航和控制。电推进还有一个优点是不会给通信和其他仪器设备带来影响。

采用电推进系统的第二个深空探测器是日本发射的"缪斯C"（后改名"隼鸟"）。它的任务是对小行星1998SF36进行探测、取样并返回。

"缪斯C"探测器采用微波离子发动机电推进系统。它的飞行任务是要验证四项重要技术，其中首要的是验证微波离子发动机推进技术。"缪斯C"于2003年5月9日发射成功，5月30日，微波离子发动机启动，原计划在完成对小行星表面拍照和取样（向小行星表面抛射金

属体，将撞击产生的尘埃吸进探测器的锥形样品盒中）后于2005年开始返回，但由于抛射金属体技术出现问题以及其他原因，直至2010年才返回地球。但"缪斯C"上的微波离子电推进系统的成功工作，进一步证明了电推进系统在深空探测中的重大作用。

采用电推进系统的第三个深空探测器是欧洲太空局发射的"斯玛特1"月球探测器。它于2003年9月27日发射升空，至2004年4月16日已累计运行2000小时，并于当年11月15日抵达距地球31千米多的地月引力平衡点，于2005年进入绕月轨道，飞行6个月后，电推进发动机工作正常，甚至比试验时更好。

这三个电推进系统探测器的成功飞行表明它们有各自的特色和创新，而不是简单的重复，为今后的应用提

□ 靠太阳能推进拜访火星

美国希望于21世纪30年代把人送往火星，但目前的大型电推进系统相形见绌。因此美国国家航空航天局计划先把人送往一颗被拖到月球附近的小行星。准备从眼下的小型电推进自控系统逐步过渡到一种巨型太空拖船。这种太阳能电推进拖船系统功率将达到25~30千瓦，可能会在2016至2019年期间首次上天飞行。这一功率虽比电推进系统高出数倍，但和送人前往火星之前向火星运送补给物资所需的300~500千瓦功率相比，相去甚远。

美国国家航空航天局打算先发射一个不载人的太阳能电推进航天器，捕获一颗直径约10米的小行星，并将其拖到月球附近。航天员最早能在2021年乘坐正在开发研究的"猎户座"载人飞船前去探访。

供了多种选择。同时，这三个电推进系统的发动机均经过连续长时间运行的考验，证明星际航行中使用电火箭是合适的。可以预料，用电火箭推进的空间探测器将会更多地被应用。

太空核电怎样助深空探测

太空核电就是利用放射性同位素衰变，或热核反应堆核裂变产生的能量转换成电力，供航天器上的仪器和设备使用的发电装置。

太空核电是深空探测的必备条件。随着人类对太阳系内的行星，如火星、天王星、海王星等，以及更远的系外星系的探测，用太阳能发电收效越来越低。在火星附近，太阳光强度只有地球附近的43%，而到了木星、土星附近，太阳光强度更是减少到3.7%和1.1%，太阳能电池几乎完全失

去作用。也许你会提议，那就用化学燃料作为航天器的推动力吧！化学燃料的重量及其效率，更是无法成为星际航行的合适推动力。所以，核电脱颖而出，成为深空探测主要能源绝非偶然。

核电所产生的推力令人惊奇！1千克核燃料可产生100万亿焦耳能量，这种效率是当今化学燃料的1000万倍。核电还具有很多优点：寿命长，能工作十几年甚至数十年，可满足远程、长期的航天飞行要求；体积小、结构紧凑、易于携带与安装，使用方便，环境适应性强，在高温与低温、真空、辐射、冲击和震动等条件下都能正常工作。1992年12月14日，联合国大会通过了《关于在外层空间使用核动力的原则》，提出："核动力源由于体积小、寿命长及其他特性，特别适用于甚至必须用于在外层空间

的某些任务。"因此，21世纪发射的火星探测器大多使用的是核电动力。例如，2003年美国发射的"勇气号"和"机遇号"火星探测车上都采用了以钚-238为热源的放射性同位素加热器，它能在火星表面酷寒的条件下，维持火星车的温度。

值得一提的是，在太空核电中，科学家又发现了一种更高效的核燃料——镅-242。这是一种非常理想的核燃料，它只需达到产生裂变反应临界状态的铀或钚质量的1%，就能开始持续的核裂变反应，产生高温、高能的推进剂。因此，镅-242裂变反应产物可以作为一种能产生电能的特殊发电机的燃料。最直接的结果是航天器所携带的燃料可极大地减少。据报

□ 太空核电安全 不可忽视

太空核电的安全性是至关重要的，在设计、建造和操作时都必须把安全放在十分重要的地位，要有冗余配备、能实际分离、功能隔离和有适当独立的措施。

前车之鉴，要引以为戒。1978年1月24日凌晨，一个巨大的火球在加拿大黄石市上空出现，随即消失在茫茫大地上。这个火球是苏联发射的核动力侦察卫星"宇宙954号"。它的坠毁引起了加拿大政府的惊恐，并全力搜索，终于找到了正在以每小时2西弗的强度污染周围环境的"宇宙954号"卫星。加拿大因此向苏联索赔数百万加元，以补偿核动力卫星坠毁所造成的损失。

道，美国正在研制这种核电推进器，预计到2020年可以初见成效。它推力大，燃料消耗却很少。到那时，飞抵比邻星所需的时间也只要40年。人类很快就能尝到飞出太阳系的别样滋味。

用核电，30天飞到火星

用现有的技术，航天员往返火星约需500天时间，但美国科学家正在研制一种利用核聚变技术驱动的火箭，可将往返火星的时间缩短至两个月左右，即单程飞往火星只需30天时间。所谓核聚变，简单地讲，是指两个或两个以上原子核的结合反应，从而获取巨大的能量。

这项计划是由华盛顿大学的一个研究小组联合美国太空动力研究公司提出的，他们准备研制新型的核聚变火箭发动机，用30天时间飞抵火星。其实早在10多年前，美国国家航空航天局的马歇尔航天中心的一个研究小组就已提出过类似的动力研究计划，预计这种核聚变火箭发动机（FDR）可比任何化学燃料火箭发动机推力大300倍以上，只是当时因某些技术原因一直未曾实施。如今该类似计划又被重提，足见核聚变火箭发动机的重要性和可行性。计划中的核聚变火箭

发动机重量达150吨，与化学燃料发动机动辄千吨以上相比，轻得多了。它能在几微秒内发生反应，并以每秒30千米的速度推进物质喷发，产生出均匀的推力，不会造成飞船上的成员因突然产生的加速度而伤害身体。

这种反应仅需要电力来控制和维持，而利用太阳能电池板提供200千瓦电力就可满足能源的需要，使发动机运转。这么一来，就连国际空间站上的太阳能电池板也能提供电力的需要。值得一提的是，这种核聚变火箭发动机经济上非但不昂贵反而更便宜，因为它用于克服重力离开地球时所需的燃料比通常的化学燃料要少很多，再加上飞行时间大大缩短，航天员在太空辐射下承受的风险大为降低。

现在，核聚变发动机研究小组

□ "好奇号"清扫火星表面岩石

火星表面大部分都覆盖着红褐色的尘埃，为了判断哪块岩石值得进一步研究、比较适合钻探，需要清扫干净岩石表面以便于详细观察岩石的质地和种类。同时，这也可以避免岩石内部钻探出来的物质与岩石表面物质混在一起，从而影响研究结果。美国国家航空航天局在2013年1月7日宣布，"好奇号"火星探测器首次成功使用了机械手臂末端的尘土清扫工具，将火星上一块岩石表面的尘土清扫干净，清扫出一个直径大约为5厘米的区域，为探测器未来的岩石钻探工作铺平了道路。

已对研制的样机的全部组件进行了测试，接下来准备制造一台全功能样机，并对其各部件的功能进行综合测试。计划经过1年半时间，该研究小组可以组装出一台核聚变火箭发动机的概念验证机，大约到2020年，实用版核聚变火箭发动机有可能面世。这是一种具有里程碑意义的改革，最终可能把化学燃料发动机远远地甩在身后！

依靠太阳帆动力能飞到火星吗

太阳帆是以太阳光光压为推进动力的一种独特的推进方式。简单地讲，是利用太阳帆将照射过来的太阳光（光子）反射回去。由于力的作用是相互的，太阳帆在将光子"推"回去的同时，光子也会对太阳帆产生反作用力，从而推动航天器前进。

单个光子所产生的推力极其微小。照到地球上的太阳光，1个光子在

太阳帆

1平方米太阳帆面上产生的推力还不到一只蚂蚁的重量。为了最大限度地从太阳光中获得推力，太阳帆必须制造得又大又轻，并且光滑平整。科学家曾经测算过：如果太阳帆的直径为300米，其面积为70 686平方米，可获得340牛顿推力。这一推力可使重约0.5吨的航天器在200多天内飞抵火星。如果太阳帆的直径增至2000米，由光压可获得15 000牛顿的推力，可以把5吨重的航天器送到太阳系外。超大型太阳帆的航天器甚至能获得每秒67千米的第N个宇宙速度，其速度比以火箭推进的航天器快4～6倍。

虽然太阳帆航行只是在近年来才被看成是有可能成为实用的推动力，但它的基本思想却由来已久。400多年前，著名天文学家开普勒就提出以后的深空探测依靠的是不带任何能源、仅靠太阳光就能驰骋太空的航天器。直到20世纪20年代，太阳帆的概念才更清晰地显示出来。苏联航天事业的先驱者齐奥尔科夫斯基和其同事灿德

尔认为："用照到很薄的巨大反射镜上的太阳光所产生的推力可以获得宇宙速度。"该反射镜是一种包在硬质塑料上的超薄金属帆，也就是今天太阳帆的雏形。而太阳光所产生的推动力，苏联物理学家彼德·莱贝德夫就曾在真空实验室内的金属盘上做过实验，果然光子能推动金属盘。

目前，美国、日本、法国和俄罗斯等国都在致力于将太阳帆发展成为一种星际航天器的研究设计。

太阳帆航天器飞行时就像帆船在大海中航行，只需改变帆的倾角，就可达到调整飞行方向的目的。当帆与太阳光形成的角度所产生的推力与太阳帆的运动方向一致时，飞船将被逐渐加速，反之将被逐渐减速。要改变太阳帆与太阳之间的夹角，只需移动固定在航天器上的两块滑块，使飞船重心发生变化，导致太阳帆转动，夹角也随之发生变化。

太阳帆航天器的设计方案有多种，如以帆的展开方式，从结构来说有三种：三轴稳定的正方形式、自旋稳定的直升机式和稳定的圆盘式。不管哪种结构形式，都主要由支撑结构、太阳帆薄膜和包装展开构件三部分组成。太

□ 太阳光吹动"船"帆

太阳光就好像"宇宙风"一样，推动着宇宙飞船的"船帆"，使飞船扬帆前进。太阳帆航天器的一个特点是太阳能接收面必须很大，另一个特点是越飞越快。如果太阳帆航天器第一天的时速只有160千米，100天后的时速将达到16 000千米。如果它持续飞行，速度会被提升到更高。根据理论计算，大型太阳帆航天器最终可以每小时24万千米的速度前进。科学家称，太阳帆航天器是人类星际旅行的又一方式，也是飞向火星的可选动力。

阳帆用于太空航行主要有两种设想：第一种设想是在太阳系内飞行。科学家通过计算认为若采用边长为200米，密度为每平方米1~5克的太阳帆，太阳系内星际探测任务完全可以实现。第二种设想是飞出太阳系，实现星际探测和星际旅行。这就要求太阳帆边长应达到1000米，密度为每平方米0.1克，同时还需配置强力激光器或微波源。据测算，这样的太阳帆航天器在太空中可以1/10光速的速度飞行，40年内到达距地球最近的半人马星座。

为什么反物质能成为
飞向火星的动力

乍一听，反物质这个名词似乎有些虚无缥缈，但事实上现在的科学实验已经证实，反物质是一种客观存在的实体。什么是反物质？反物质可以理解为物质的镜像。所谓物质的镜像，就是指与物质的一切属性恰恰相反。

反物质之所以引起科学家的特殊兴趣，其中最令人心动的是，当物质与反物质相接触时会释放出极其巨大的能量，并且它们均双双消失在爆发之中，这种现象被称为"湮灭"。

据科学家计算：一颗盐粒般大小的反质子，能产生相当于200吨化学液体燃料的推力，可以将庞大的航天器送入太空，并产生高达三分之一光速

阿尔法磁谱仪

的速度。这样的速度只需用很短的时间就能飞越火星、木星，用2年时间就可飞抵冥王星，轻松飞越太阳系，到时，原来模糊不清的银河中心将清晰地呈现在人们的眼前，因为我们可以将太空望远镜架设到冥王星上去！

目前，科学家采取两种途径寻觅反物质，一种是在自然界中寻找反物质。1997年4月，美国海军研究实验室、美国西北大学和加州大学伯克利分校等几个研究机构的天文学家宣布，他们利用伽马射线探测器发现，在银河系上方约3500光年的地方有一个不断喷射反物质的反物质源，它喷射出的反物质竟形成一个高达2940光年的"喷泉"。若果有其事，这将是反物质研究领域中的一个重大发现，并促使人们开始考虑，如何开发宇宙中的反物质为人类服务。同时，美籍科学家丁肇中和一些物理学家合作，组成反物质探测小组，并研制成阿尔法磁谱仪。1998年6月3日，该仪器搭载"发现号"航天飞机在太空遨游十

阿尔法磁谱仪正安装到空间站上

多天，这是人类第一次将一台大型磁谱仪送入宇宙空间。2011年5月，阿尔法磁谱仪重新"披挂上阵"，搭乘"奋进号"航天飞机踏上了探索反物质的历程。我国还和意大利合作，打算在西藏建成世界上第一个1万平方米的粒子探测阵列实验室，用来接收来自宇宙的高能射线和反物质粒子。科学家寻觅反物质的另一种途径是在实验室中制造反物质。1995年10月，欧洲核子研究中心制成了世界上第一批反氢原子，在累计15小时的实验中，共记录到9个反氢原子存在的证据。1996年，美国费米国立加速器实验室也成功制造出7个反氢原子，并生产出了反质子。欧洲核子研究中心近期还建造了一个反氢原子和反质子生产厂。据该厂负责人克洛斯教授称，他们能每小时生产2000个反氢原

□ 设想中的反物质动力飞船

原子弹的核反应能量转化率大约是3%，而反物质能达到50%，甚至全部转化为能量。有一位物理学家曾说：一片药片那么大的反物质的能量，可供一艘飞船飞行几百光年。为此，美国国家航空航天局设想了一艘名为ICAN-II的反物质动力飞船。它的外壳由碳化硅制成，还有一个氢化锂做的防护罩，以免受高能中子辐射。这艘反物质动力飞船不仅动力巨大，而且可搭载的有效载荷也很大，可以装载下登陆火星的着陆器和火星车。

子，这是了不起的成绩！对于反物质的贮存和输出也是全新的课题，科学家已经在这方面有所建树，比如将反物质保存在被称为"陷阱"的地方，就不会和物质发生"湮灭"。

据上所述，我们可以发现反物质确实是不可多得的能源，是理想的飞向火星等的深空航行的推动力。当然，要使反物质能进入实际应用，还有漫长的路要走！

"太空系绳"有多大动力

美国与意大利合作研制的"系绳卫星1号"（TSS-1）于1992年7月31日进行了第一次系绳电动力学试验：意大利第一位航天员马莱巴在航天飞机上向太空释放了一颗卫星，卫星连着一根长20千米的铜质缆索（即系绳），直径为2.54毫米。为什么要在太空释放如此长的绳索？此时，我们或许会联想起美国科学家富兰克林在雷电交加的天空中放风筝的故事。富兰克林放风筝的目的是要将闪电引到莱顿瓶中以破译闪电的奥秘，而意大利航天员在太空中释放缆绳是为了验证系绳发电的可行性。

具体试验是这样进行的：美国"亚特兰蒂斯号"航天飞机携TSS-1系绳卫星进入太空绕轨飞行（此时卫星也获得了相同的环绕速度），然后将卫星从机舱内向上发射出去，让它在一个更高的轨道上飞行。从航天飞机向上看，卫星的离心力大于重力，卫星会垂直向上爬升，直到受系绳长度的限制。同样，如果将卫星发射至航天飞机下方，卫星的重力会大于离心力，卫星会垂直向下降。原计划航天飞机和TSS-1卫星以每小时2860千米的速度飞行，通过释放系绳卫星，可以完成系绳发电等科学实验。其中的原理是：导电的缆索以如此巨大的速度去切割地球磁场的磁力线时，缆索中会产生电流，从而成为全新的发电

装置。可惜第一次试验因设备本身出现故障，缆索仅上升到257米高度即宣告失败，但还是产生了58伏电压和2毫安电流，这说明系绳发电是可能的。

1996年2月25日，美国国家航空航天局又进行了第二次太空系绳试验，虽然又一次宣告失败。这次失败也不是原理本身有问题，而是缆索上升至19.7千米时突然断裂，但可喜的是已产生3400伏电压和0.5安培电流。尽管这是两次未获成功的试验，但可以证实系绳发电在技术上是可行的。太空系绳可以作为航天器的飞行推动力。美国国家航空航天局遂于2003年5月批准了研究利用太空系绳取代运载火箭将卫星等航天器送入太空轨道的计划，起名为"动力交换／电动力循环推进"计划。系绳长100千米，实现将太

□ 太空柔缆捕天力

所谓太空系绳，简单地讲就是采用柔性缆索，在太空中将两个物体连接起来组成的系统。如果该系绳是导体（如电缆等），整个系统便成为电动力学缆索，又称EDT。将该系统置于超高速状态下，去切割行星体的磁力线会在缆索中产生电流。因此，太空系绳有可能成为一种新型的发电装置。

空系绳用作发电和航天器的推动力。这个计划实施情况如何，至今未见于报道。

太空系绳系统用作探测太阳系内有磁场的行星及卫星也是极其合适的，因为木星和地球一样具有磁场。据计算，若采用太空系绳系统，航天器只需用少得多的推动力，就能在1年内完成对木星及其4个卫星的探测。

引力场动力怎样助飞火星

宇宙中存在着诸多能量场，如电磁场、基本粒子场等。引力场也是宇宙中存在的能量场中的一种。由引力场转化成宇宙航行的动力，简称为引力场动力。宇宙中引力场的发现始于1972年发射的"开拓者10号"探测器。

科学家从"开拓者10号"发回的微弱信号中发现了一种令人不解的现象：万有引力定律似乎对"开拓者10号"已不再起作用，因为它飞得越远，太阳对它的引力反而越大。这种现象同样出现在1973年发射的"开拓

者11号"和"尤利西斯号"、"伽利略号"探测器身上。

经过研究实验，物理学家米尔格龙认为，地球上的万有引力定律不适用于整个星系空间。科学研究者麦高认为宇宙空间存在引力，原因是当太阳系中的所有星球向银河系中心运动时，会产生微小的加速度。正是这看似微不足道的加速度，造成了万有引力定律的改变。米尔格龙将一百亿分之一米的微小加速度取名为 α_0，并将这一发现称为"MOND"，意思是对牛顿力学的修正。运用"MOND"理论，可以完美地解释上述航天器为什么会出现反常状态。米尔格龙甚至认为，即使航天器以零速度出发，在 α_0 加速度作用下，历经漫长的飞行时间，航天器的飞行速度甚至能达到光速。也就是说，宇宙中存在着引力场，航天器

可以借助宇宙本身的引力场来实现宇宙飞行。

对引力场的利用，目前有两种设想。一种设想是认为引力场是引力子形成的，有引力子就会有反引力子，反引力子也能生成反引力场。我们在航天器上生成一个反引力场，用它去对抗引力场，一旦达到场能相等，航天器就会失去惯性，即使用很小很小的动力，也可使航天器在瞬间接近或达到光速。同时由于航天器失去惯性，任凭航天器如何加速，航天员都不会有超重的感觉。另一种设想是在航天器的周围，用反引力场设置5处引力屏蔽墙，只在飞行方向留下一处缺口，让航天器仅在这个方向上引力场的作用下，迅速飞向目的地，称为"引力屏蔽飞行"。

从设想到现实还有很长的一段路要走，但我们可以坚信的是，在科学技术

□ 能量束推进

星际飞船在远离太阳的地方航行时，如从火星飞向更远的行星，太阳帆很可能无法提供足够的动力，于是科学家提出了向飞船发射能量束来推进的设想。能量束推进就是从地面上发射强大的激光束，将飞船上的特制金属板逐渐蒸发形成蒸气从而提供推动力。这个设想要在技术上实现面临严重的挑战。首先能量束必须能远距离瞄准目标，其次飞船要能高效利用这种能量，而最难实现的则是激光束所需的能量达到天文数值。

飞速发展的时代里，设想完全可能变成现实，或许是要经历一段不平坦的路，或许并不需要很长很长的时间！

去火星，用离子推进

传统的火箭通过向后喷射气体来向前推进。离子推进器使用相同的原理，但与喷射高温气体不同，它们喷出的是带电粒子（离子）。由此产生的推力非常微小，但关键的一点是，在产生相同大小的推力时，离子推进器所需的燃料要比传统火箭少得多。如果它们能长期稳定地工作，最终也能把飞行器加速到极高的速度。

一些探测器已经采用了离子推进器，例如日本的"隼鸟"探测器和欧洲太空局的"斯玛特 1"月球探测器。这一技术如今正在不断地完善中，其中特别有希望的是可变比冲磁等离子体火箭（VASIMR）。VASIMR能使用无线电频率发生器把离子加热到100万摄氏度。在强磁场中，离子以一定的频率转动，随后无线电频率发生器会被调整到这一频率，为离子注入额外的能量，进而大幅度增加推力。初步的测试结果非常吸引人。

2004年11月，欧洲第一个月球探测器——"智慧1号"发射升空，在经过了漫长的飞行后顺利进入环月轨道，向地球传送月球表面的各种观测数据。人类已经向月球发射了相当数量的探测器，但是"智慧1号"是首次采用全新的太阳能氙离子发动机作为火箭推进动力的探测器。

所谓太阳能氙离子发动机，是指利

美国国家航空航天局规划的一种火星飞船

用太阳能帆板产生的电能把惰性气体氙原子电离，然后向后喷射出高速离子，从而产生巨大的推力，这完全区别于以前的火箭发动机。两者相比，氙离子发动机的效率要比普通的化学发动机高出10倍。这样，它只需携带很少的能量就能发射升空，可以让出更多的空间来装载探测仪器。据介绍，这种离子发动机所携带的燃料只占探测器总重量的20%，而使用化学燃料的发动机，费用至少要高出3倍。

离子推进器应用于航天器目前有3种方案：第一种是核电氙离子推进器，输入功率可达20千瓦，使用寿命10年以上。第二种是大功率电推进器，它使用微波，可避免阴极电子枪因碎屑堵塞而影响使用寿命，并能提高离子的生成能力。美国国家航空航天局格伦研究中心已试验了这种推进器。根据预想，这种推进器的设计寿命是7～10年，比冲（喷射速度）超过6000秒，而普通化学火箭比冲仅为300～400秒。若再引入"核电"，则该推进器的功率可提高10倍，效率提高2～3倍，寿命提高5～8倍，总体效率可提高30%。第三种是霍尔推进器。这种推进器目前已发展得

□ 火星飞船新动力——VX-200发动机

这是一种新颖的离子推进器，可以将飞船送往火星或更远的星球。VX-200发动机在韦伯斯特·戴尔公司进行试验，它十分先进，能产生10～20兆瓦的动力，能量转化率高达67%，全面超越了传统的等离子发动机。VX-200等离子体发动机推动飞船向火星飞行只需要短短的39天。值得一提的是，美籍华人张福林及他领导的团队是该发动机的设计、制造者。不出意外的话，VX-200等离子体发动机将出现在登月飞行、火星飞行等星际飞船中。

很成熟。俄罗斯研制的霍尔推进器甚至已实现商业化，而美国国家航空航天局对霍尔推进器进行的开发改进也已取得很大进展，尤其在提高输出功率（已进行50千瓦推进器样机性能试验）和提高使用寿命方面大有建树。

有几乎不需燃料的航天器动力吗

航天器要在太空遨游，燃料是极其重要的环节。可以这样说，燃料决定了航天器的飞行速度，决定了航天器是否能飞出太阳系、银河系甚至河外星系。然而，有一种几乎不需燃料的航天器用动力，名叫星际冲压发动机，它可以直接从太空中获取高性能的"燃料"，经转化后生成推动飞船飞行的强大动力。

星际冲压发动机的设想，最早是由美国物理学家罗伯特·巴萨德于1960年针对星际航行中如何携带及补充燃料这个难题提出来的。该设想的基本出发点是将广泛存在于星际空间的氢原子收集起来，作为航天器用的燃料。这样，就可大大减少从地球上携带燃料的数量，从而可极大地节省财力、人力。氢在宇宙中普遍存在，在太阳周围的空间每立方厘米有0.1个氢原子。在星际分子云中，每立方厘米中的氢原子可达1万个左右（在地球大气中，每立方厘米可存在1万兆个以

上）。

星际冲压发动机是利用航天器前部的超导体产生一个绵延数百至数千千米的大磁场，它可以将太空中稀少的氢原子收集起来，然后将它们送入核聚变反应堆中，从反应堆中排出的气体再以极高的速度喷射出去，由此产生巨大的推动力。设想中的星际冲压发动机包括特大的进气道（前端呈漏斗形，称作氢采集器）、核聚变发动机及磁场产生装置。若航天器总重为1000吨，按巴萨德估计，进气道直径应为10 000千米，为了能采集到足够的氢，氢采集器的直径应远远大于10 000千米。

星际冲压发动机前景十分诱人，但要研制成功则困难重重。据报道，美国正在积极研制星际冲压发动机，希望在2040年至2050年时能投入实际使用。他们认为要攻克的技术难关有这样几个方面：一是制造如此庞大的氢采集器和进气管道，工程上难度极高；二是即使建成了氢采集器，在极其高的速度下，庞大的体积如何承受巨大的压力；三是核聚变理论上只对氘和氚有效，是否能引发氢核聚变尚不可知；四是星际间还存在着其他的

□ 向太空发射氢

研制星际冲压发动机的关键之一是捕获氢原子的电磁网的大小。因为在星际空间中氢的数量实在太少，科学家提出了一个新方案，即从地球向星际冲压发动机要飞过的路线上发射其所需的燃料——氢，于是飞船本身就不必设置电磁网了。但这样一来，飞船必须按照预定的路线飞行，限制了飞向其他星际的旅行。

原子、分子，它们会不会影响到氢聚变过程；五是在不断变化的飞行速度中，要能有效地控制聚变反应也并非易事。

除此以外，要实现星际冲压推进，只有当航天器具有很高的初速度时，才能保证为核反应堆收集到足够数量的氢。因此，使用这种推进器的航天器必须要配备一个辅助推进器，只有先达到必要的速度，星际冲压发动机才能开始正常工作。这个速度在地球上应超过每小时3000千米，在太空应达到每小时6000万千米才行。

亿万千米，瞬间变通途的虫洞推进器

　　科学家曾幻想，是否存在一条可以瞬间到达另一个恒星世界的"门"和"路"？现在，物理学家和天文学家终于找到了一点头绪，虫洞"推进器"有可能是打开通往星际大门的"引擎"。

　　据科学家推测，宇宙中充斥着无数个虫洞，但很少会有直径超过10万千米的，而这个宽度正是航天器能安全飞行的最低要求。但负质量（一种可以吸收周围能量的质量）的出现为利用虫洞创造了条件，可以使用负质量去扩大和稳定较小的虫洞，并予以强化。这样，当我们具有足够多的负质量后就能"改造"虫洞，直至其容量可以适合航天器飞行。当今在有些科幻影片中常常会出现这样的镜头：随着航天器指令长的一声号令（或指令长按下执行键），航天器顷刻便消失在群星之中，几乎同时，它又出现在遥远的某地……现代物理证明，这看似荒谬的场景有朝一日是可以成为现实的。

　　"虫洞"可以在宇宙的正常时空中显现，成为一个突然出现的超时空管道。由于"虫洞"没有视界，它只

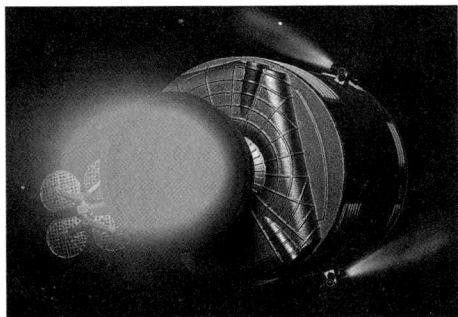

有一个和外界的分界面，"虫洞"通过这个分界面进行超时空连接。"虫洞"与黑洞、白洞的接口是一个时空管道和两个时空闭合区的连接，在这里时空曲率并不是无限大，因而我们可以不被巨大的引力摧毁，安全地通过"虫洞"。

如此说来，虫洞不就是一个动力源，一个无与伦比的"推进器"吗？

宇航学家认为，"虫洞"的研究虽然刚刚起步，但是它潜在的回报却不容忽视。如果耗费数十年时间的研究真能创造出虫洞"推进器"，这毫无疑问是人类航天史上的又一次伟大飞跃。人类因此可能需要重新估计自己在宇宙中的角色和位置。现在，虽然我们已能脱离地球，但要飞行到即使是最近的另一个星座，动辄就需要几千年，是

□ 什么是虫洞

科学家认为，虫洞是通过时空结点的假想通道，可以使原本相隔亿万千米的两地变成近在咫尺的邻居。虫洞的两端都可以出入，呈漏斗状（黑洞则仅允许单向通行），一个虫洞的"另一端"可以在空间的任何地方，使得经过虫洞的任何物体在转瞬之间可以出现在宇宙的其他地方。打个比方，如果我们在织女星附近的一个虫洞口，向虫洞里面张望时，我们会看到地球上的太阳光！就这么奇妙！其实道理也很简单，比如我们在一张纸的两端画上两点，然后把纸扭曲，使两点可以连在一起。这样，这连在一起的两点，在整张纸上仍然相隔一段距离。

目前人类不可能办到的。但是，未来的太空航行如果使用"虫洞"，那么在作星际飞行时仅在一瞬间就能到达宇宙中遥远的目的地，那是何等美妙的事啊。届时，登陆火星则成了轻而易举的一个小动作了。

太空望远镜可以看到什么

人类飞往火星，直至定居火星是一个极其漫长、坎坷的过程。古人"肉眼观天"时就注意到火星了，因为火星看起来是天空中的一个小亮点。17世纪初，天文望远镜诞生了，人类在望远镜中观察到了火星，但由于地球大气和火星大气的双重干扰，在地球上无论用多大的望远镜看火星终究是"雾里观花"。 因为地球被一层厚厚的大气所包围。这层大气是人类赖以生存繁衍的根本，没有它，地球就会像月球那样成为一个没有生命的死寂世界。但是，这层厚厚的大气却为天文观测设置了重大的障碍，使天文观测受到歪曲，精确度大打折扣。天文学家为了尽量减少大气层的影响，往往要把天文台建筑在人迹罕至的高山上，理由很简单，就是因为那里具有比较稳定的大气环境，能为天文观测创造有利的条件。然而，即使是建在高山上的天文望远镜也远远比不上架设在地球轨道上的太空望远镜。太空望远镜不仅能看到更多的天体和细节，而且观测的距离也更深远。在太空望远镜中观察到的火星要清楚很多，天文学家借此破解了许多有关火星在"雾里观花"时的谬误。

天文学家对太空望远镜寄以厚望，希望它能完成如下使命。首先是测定宇宙的距离和年龄。因为太空望远镜若能看到100多亿光年或

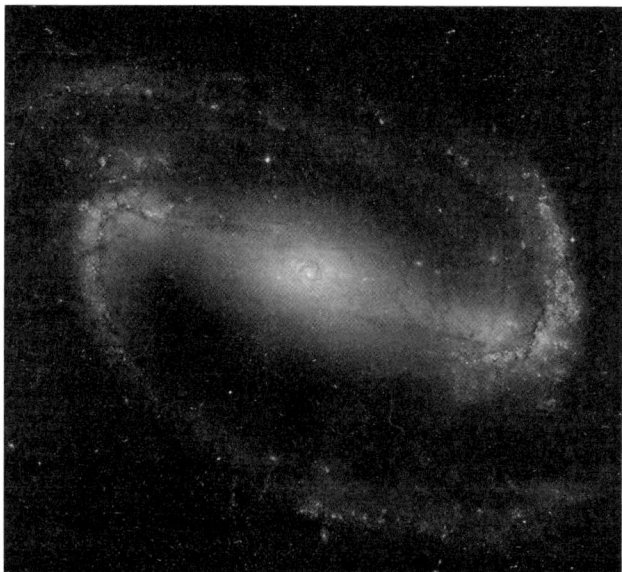

更远的地方，那或许就能看到100多亿年前的情景。其次是推测宇宙星系的变化，因为有了太空望远镜，就能使我们看到不同年龄的星系，从而可以描绘出星系变化的图像。第三是寻找地球以外的行星系，也就是去寻找其他的太阳系。现在已知银河系中就有2000多亿颗恒星，除了太阳系难道别的恒星周围就没有行星？若有行星，那么这个"新太阳系"中是否也有生命？人们希望借助太空望远镜"站得高，看得远"，去寻找其他类似于人类居住的太阳系。此外，在探测黑洞和类星体时，也常常用到太空望远镜。因为黑洞有着无比巨大的吸引力，能把周围一切物质吸进去，所以无法对黑洞进行直接观测，只能通过太空望远镜侦察黑洞的温度变化和能量辐射来观察；而类星体由于处在十分遥远的空间，很难看到它的本来面

□ 火星卫星是怎样发现的

1870年，美国海军天文台请当时著名的天文爱好者克拉克父子为该台建造一架当时全世界最大、最好的折射望远镜。几年之后，望远镜造好了，透镜口径66厘米，重45千克，镜筒长13米。海军天文台的天文学教授霍尔通过自己的观测实践证实了这架望远镜的价值。

1877年8月，火星大冲。霍尔开始寻找火星的卫星，在连续观测了十来天后，仍然一无所获。就在他打算放弃的时候，他的妻子鼓励他说："再试一个晚上吧。"霍尔同意了，8月12日晚上，他终于在火星附近发现了一个很小的运动天体。随后的观测，证实了他发现的就是火星的卫星，几天后他又发现了火星的另外一颗卫星。

目，在地面上观测时看上去就只是一个点，依靠太空望远镜或许能揭开它的秘密……可以这样说，现代的天文观测和研究已经离不开太空望远镜了，太空望远镜肩负着帮助人类进一步认识宇宙的重大使命。

哈勃太空望远镜发现了什么

哈勃太空望远镜是美国国家航空航天局主持建造的一座巨型空间天文台，也是迄今为止在天文观测项目中投资最多、最受关注的一架太空望远镜。天文学家曾利用它对火星等太阳系行星的气候情况进行了探测、研究。它的名字来源于美国杰出的天文学家哈勃。

哈勃太空望远镜自1990年发射入太空后，至今虽然数度身患"重症"，但均"起死回生"。它在空间观测中立下了丰功伟绩，取得了一系列极有价值的发现。

在哈勃太空望远镜发射成功的第4年，它观察到了一件重要的天文事件。1994年，苏梅克—列维9号彗星撞上了体态庞大的木星，"哈勃"发现它分裂成了大约20块碎片，变成了一串"太空珍珠项链"。这20多块碎片接二连三地闯入木星大气层，在木星表面掀起了一个个如原子弹爆炸般的蘑菇云，撞击在木星表面造成了一连串的黑色疤痕，其中最大的一个比地球直径还大。如果这是撞击地球，那么或许人类的末日就到了。

哈勃太空望远镜帮助人们了解了星系的演化历史。较大的星系，例如银河系和仙女座河外星系M31，是通过吞并较小的星系成长壮大起来的，这是目前天文学界的主流观点。但是，要证实这个观点必须找到在这种复杂的成长历程中留下的证据。天文学家从"哈勃"所做的观测中，

哈勃太空望远镜

哈勃

已经得到了一些蛛丝马迹。恒星的年龄相差很大，最年老的有110亿年到135亿年，最年轻的只有60亿年到80亿年。我们银河系没有包含很多相对年轻的恒星。"哈勃"的观测结果显示，尽管仙女座和银河系的外形很相似，但这两个星系的成长历史却可能各不相同。

此外，哈勃太空望远镜还对火星等太阳系行星的气候情况进行了记录，拍摄到了第一幅太阳系外的行星图像；记录下了一颗超新星爆炸毁灭的过程；看到了可能是最遥远的太空边疆；确定了宇宙的年龄为137亿年；发现了超大质量黑洞的藏身之地；观

□ "哈勃"的病因与康复

哈勃太空望远镜升空后发回的第一张照片，曾让所有人大失所望，照片成像效果几乎与地面望远镜拍摄的没有什么两样，根本达不到预定要求。这到底是怎么回事？几经检查，终于查到在磨制主镜的过程中，工作人员犯了一个低级错误：在检验主镜精确度时，把副镜的位置放错1.3毫米，致使所有进入"哈勃"的光线扩散了，当然也就拍摄不到高清晰度的照片。经过航天员的维修，"哈勃"终于康复。

此后，"哈勃"又几度患病，好在每次维修后都能顺利康复，且观测能力越来越强。因此，它的退役时间一再延后。

测到了宇宙最剧烈的爆炸；找到了暗物质存在的直接证据……

可以毫不夸张地说，哈勃太空望远镜发射以来观测到的宇宙深空天体图像，彻底改变了我们对宇宙的认识。

世界最大规模射电望远镜阵列将建在哪里

2016年，一个新的射电望远镜阵列就要开始建造了，它是由中国、澳大利亚、意大利、新西兰、荷兰、南非、英国等全球20个国家的科学家筹划建造的，是当今世界上最大规模的射电望远镜阵列。科学家给它起名为"平方千米镜阵"，简称SKA。这个宏大的科学项目最早计划于1993年，如今已进入建造倒计时，2020年底前将完成第一阶段施工，2024年完成全部工程，2030年年底投入使用。

SKA使用的射电望远镜非常巨大，单个抛物面的直径就达15米，而整个阵列则有3000个这样的抛物面。这个阵列的观测能力与一个口径为1平方千米的射电望远镜相当，这也正是它名字的由来。预计这些射电望远镜组成的阵列分布在直径约3000千米的区域内，跨越南非、澳大利亚、新西兰3个国家。之所以将阵列建造在南半球，是因为那里的工业还不是那么发达，无线电信号的干扰较弱，能保证这些望远镜达到更好的观测效果。

SKA的使命首先是直接收集宇宙从大爆炸到星系出现之前的信息，其次是研究星系、恒星的产生和发展，研究充斥宇宙大部分的暗能量和暗物质的性质。此外，它还将有助于解释生命的起源，帮助探查外星生命的存在，等等。

位于波多黎各岛上的阿雷西博射电望远镜

这个巨型的望远镜阵列就像人类给地球安装的大眼睛，能帮助我们看到视野更开阔的宇宙。其实，人类建造各种望远镜的目的，就是为了探寻宇宙中未知的秘密，寻找更多的自然规律来造福人类的生活。例如，我们通过天文望远镜对太阳活动的监测，发现了太阳辐射的高峰周期是11年，从而能预报出太阳的活跃期。在活跃期，太阳的各种小动作都会对地球上的通信造成一定干扰，提前预防就能

□ 什么是宇宙通用语言

宇宙中通用的语言是数学。比如，我们给外星人发出一道数学题：29×31=?答案是899。我们可以通过望远镜来监听是否会传来899个脉冲信号。也正是利用这个规律，人类可以辨别其他星体上是否存在高级生命。如果存在，人们就可以继续发送友好的信息。

□ 地外行星发现者（TPF）

地外行星发现者（TPF）是一台空间红外干涉仪，计划于近期发射上天，可用来探测45光年以内近邻恒星周围的类地型行星，研究类地型行星上大气的状况，搜寻生命存在的迹象。TPF的镜面直径达百米，具有空前的高分辨率，可以探明太阳系邻近数十光年之内是否存在与地球相似的行星。TPF的发射上天会使人类破解生命之谜、寻找太空知音步入新的历程。

降低损失。而高灵敏度的望远镜就像更优质的监视器，它能帮助天文学家监测小行星与地球是否有发生撞击的风险。就像6500万年前的恐龙灭绝一样，人类也有可能遭到毁灭性的打击。巨型望远镜的建造，可以帮助我们预警来自宇宙的灾难。

为探测火星做准备——
上海65米射电望远镜

"如果你在火星上用手机拨号,地球上的它能收到信号。"这个"它",指的是上海佘山的65米射电望远镜。

这架射电望远镜高70米、重2700多吨。它的主反射面直径65米,面积达到3780平方米,相当于9个标准篮球场,共由1008块高精度实面板拼装而成,每块面板单元精度达到0.1毫米。整个望远镜可以通过基座上的轮轨、天线、俯仰机构灵活转动,全方位跟踪所观测的目标天体。它就像一只巨大的"耳朵",能清楚地"听"到来自宇宙深处微弱的射电信号。如果你去参观它,它会给你秀一个漂亮的俯仰动作,由"昂首"转向45°角,同时接收一组信号,这组信号来自距地球约3.7万光年的一个天区,那里有大量的恒星正在形成。

射电望远镜的口径越大,探测能力也就越强。但与此同时,口径越大意味着整个望远镜系统的质量越大。建造这个"庞然大物"的最大难度,在于保持精确度和稳定性。上海65米射电望远镜的指向误差不超过3角秒。为了保证移动过程中不发生大的晃动,望远镜采取了多项我国自主知识产权的最新技术。例如,其运行轨道采取了无缝焊接技术,总长130多米的运行轨道最高处和最低处的差距不超过0.5毫米。又如,为了保证反射面在望远镜移动过程中不会因重力、温度等因素的影响而变形,在

上海佘山65米口径射电望远镜

韦伯太空望远镜

面板与天线背架结构的连接处安装了1104个精密的"促动器"，可以随时对面板进行调整，以补偿重力引起的反射面变形。促动器的单位精度达到15微米，相当于一根头发丝的一半。

上海65米射电望远镜具有多种科学用途，可工作在厘米波段和毫米波段，最短工作波段为7毫米。在同类型望远镜中其总体性能位列全球第四、亚洲第一，仅次于美国的110米射电望远镜、德国的100米射电望远镜和意大利的64米射电望远镜。它的建成，标志着我国深空探测定轨进入了一个更高层次，显著提升了我国天文观测研究的整体实力和国际地位，为未来探测火星、金星打下基础。它将在射电天文、天文地球动力学和空间科学等多种学科中成为中国乃至世

□ 青出于蓝胜于蓝的韦伯太空望远镜

作为哈勃太空望远镜的后续机，韦伯太空望远镜(JWST)项目已通过关键设计定型评审，进入组装和测试阶段，预计2018年发射。

韦伯太空望远镜主镜口径达到6.5米，用18个由铍制成的小镜面组成，每块镜面背部都装有7个马达，能够在10纳米的精度内调整镜片的形状和朝向。主要搭载近红外相机、近红外光谱仪、中红外观测仪以及高精度导星传感器等科学仪器，具有很高的灵敏度和很强的红外、中红外观测分辨率，观测能力超过哈勃太空望远镜100倍，但质量只有哈勃太空望远镜的一半。

界上一台主观测设备。它作为一个单元参加了中国VLBI网。VLBI网又叫长基线干涉网，是当前应用于天文研究的最高测量精度的观测技术。上海65米射电望远镜的加入，使得VLBI网的灵敏度提高了42%。

中微子望远镜

宇宙中的高能信使包括质子、光子和中微子。由于质子带电，它在宇宙空间的传播会受到磁场的影响改变方向、发生反应，从而损失它所携带的原始信息。光子在宇宙中传播时，能量同样会被背景吸收。只有中微子不携带电荷，不受星际磁场影响，也不会被宇宙微波背景吸收，总是以直线行进，所以如果被探测到，就能确定它们所对应的天体源方向。

为了观测来自宇宙中的高能中微子，美、欧、日等国的科学家正在联合进行一项叫作"Icecube"的国际科研项目。"Icecube"是指埋藏在厚厚的南极冰层下1400米深处、由4800个光检波器（光电倍增管）组成的，专门用于捕捉从火星和宇宙其他地方飞来的中微子的天文观测系统。

由于中微子极难与一般物质进行

加拿大萨德伯里中微子天文台的探测器，里面装满了1000吨重水

反应，且能毫无阻碍地穿透地球等行星和恒星，所以观测和捕捉十分困难。因此，建立大规模的"Icecube"系统，捕捉到中微子的希望会增大。2006年2月，科学家将240个光检波器埋藏在南极的冰层下，并开始观测。到2011年，全部4800个光检波器被埋藏完毕。目前，"Icecube"系统的容积已经达到1立方千米左右，其中包含冰块10亿吨，其规模是设在日本神冈矿山的名为超级神冈探测器的中微子观测设备的2万倍。

"Icecube"系统的观测对象是能够释放出巨大能量的"银河系中心"以及"宇宙伽马射线暴"等现象，也包括原因不明的"超高能量宇宙射线"等。宇宙中超高能爆发常常会产生大量的中微子，"Icecube"系统的使命就是将它们捕捉住。

中微子有一个特点：遇上冰会发生碰撞，产生类似电子的基本粒子——μ介子。"Icecube"系统中的光检波器能够捕捉到μ介子释放出来的称为"切伦科夫辐射"的微弱光，以此可以证实中微子已经光临，并被捕获。至于为什么要将"Icecube"系统埋藏于1400米以下的南极冰层深处，是因为那里一片漆黑，太阳光不能到达，而且冰

□ 难觅踪迹的中微子

1931年，奥地利物理学家泡利首次提出"中微子"存在的假设。他认为原子核不仅仅只发射一个电子，还可能发射一种我们不知道的粒子，并且推测这种粒子不带电，呈中性，质量微小，但穿透力极强，几乎不与周围的物质发生作用。后来，意大利物理学家费米将这种粒子命名为"中微子"。20世纪30年代，著名物理学家贝特提出太阳和一般恒星生成的理论后，科学家确信太阳一定会产生数量巨大的中微子，进而对中微子进行寻找。"功夫不负有心人"，20年后，人们通过精密的实验，最终证实了中微子果真是客观存在的。

层里几乎没有气泡，透明度极高，"切伦科夫辐射"即使行进100米以上也不会被吸收，适合进行中微子观测。

怎样在火星上造房子

在人类登上火星时，当然得有房子住。那么在火星上如何建造房子呢？

首先是制砖，工程师布鲁斯·麦肯齐认为，在火星上建筑房屋的最理想材料是砖。这一缺乏技术含量的概念乍听之下可能非常令人吃惊，但砖的确是建造火星房子最合适的材料，而且它能就地取材制作，制作工艺相当简单。地球上最早的房子大多也是由砖块建造起来的。火星上几乎到处都有可用于砖块制造的完美原材料。要进行砖块的大规模生产，只需先采集好的细土，把它弄湿，放入模具轻轻压型，干燥，然后烘烤。甚至不需要太高的温度——在地球上很多地方依然在使用太阳下晒干的砖块，如果放入烤箱加热到300℃，就能得到不错的砖了。而一流的砖块，则只需把窑温加热到900℃。这在火星上是非常容易实现的，例如使用太阳反射镜熔炉或核反应堆的余热。有人或许会说，用砖砌的墙抗压性足够，但抗张力较弱，它在火星上会散架吗？不用担心，地球上3000年前古埃及人用砖块和灰浆建造的建筑，如今依然屹立在大地上。用砖块搭建的建筑在火星上

火星的极冠

同样非常稳定。

　　接下来要制造陶瓷和玻璃，因为建造房屋需要它们。黏土型的矿物在火星表面土壤中也是随处可见。因此，将制陶工艺用于陶器生产和其他用途也是件简单的事。"海盗号"火星探测器在火星上探测到火星土壤里含有大量陶瓷和玻璃的基本成分——二氧化硅(SiO_2)，大约占样品重量的40%。因而可以很容易地在火星上用熔沙技术生产玻璃，而这种技术已经在地球上使用数千年了。必须要注意的是，火星土壤还含有氧化铁，这不利于制作高品质玻璃。好在除去氧化铁的工艺并不复杂，非常容易解决。

　　在火星上建造房屋还需要解决的一个重要问题就是水。没有水，不可能制砖或是做其他的事！有很多方法可以探测火星上的水在哪里，其中最有吸引力的方法是，采用探地雷达，可以探测距地表深1000米的地下水。而轨道、飞船上的探测器也可以用低分辨率雷达进行检测，确定哪儿有水。还有些其他的线索，比如发现甲烷喷发口，就说明地下有热水活动。在火星北极冠上有大量水冰的沉积，这当然是水，只是要想办法使它们融解。火星土壤中也含有

□ 中国有火星探测计划吗

　　回答是肯定的，中国的火星探测计划共分为四个阶段：

　　第一阶段：2009年之前，制定探测目标，技术研发和寻求国际合作。

　　第二阶段：2009年至今，从发射的火星探测卫星中得到数据，为今后探测火星、软着陆做准备。

　　第三阶段：发射火星着陆器和火星车，在火星上软着陆。

　　第四阶段：建造火星表面观测站，发展穿梭于地球和火星之间的飞行器，为人类登陆火星做准备。

一些水。根据"海盗号"探测器的探测结果，火星土壤中平均水含量超过4%。"奥德赛号"火星探测器也予以了证实。不仅如此，火星科学家克里斯·麦凯声称，从火星大气中也可以"榨"出水来！有了水，就不愁房子的建造了！

什么时候航天员才能登陆火星

　　按照人类目前已掌握的航天技术，已经可以把人送上火星，但是现在各国都计划将人类登陆火星的时间安排在21世纪30年代，主要有两个原因。

　　首先，失重对人体的生理影响是主要障碍。由于引力减少，人体内的心血管系统、肌肉组织和骨骼中化学成分都会受到影响。在地球上，人类的心脏习惯于克服重力把血液输送到全身各处，而在失重状态下，心脏不必费力地工作。同样道理，肌肉在太空工作时所付出的代价也大大低于地球上从事同样的劳动。另外一些研究表明，人在太空飞行时，组成骨骼的主要矿物质——钙会逐渐减少。研究报告指出，在太空飞行1个月，人体骨骼中钙质要减少0.5%。飞行时间短，航天员上述生理障碍还比较容易克服，如在飞行中多吃些含钙丰富的食品，加大肌肉锻炼量等，回到地球后再辅以多种仪器和药物治疗，生理机能就可能逐渐恢复。然而，要在太空进行几年的长期飞行就困难了。航天医学界人士认为，到目前为止，还未

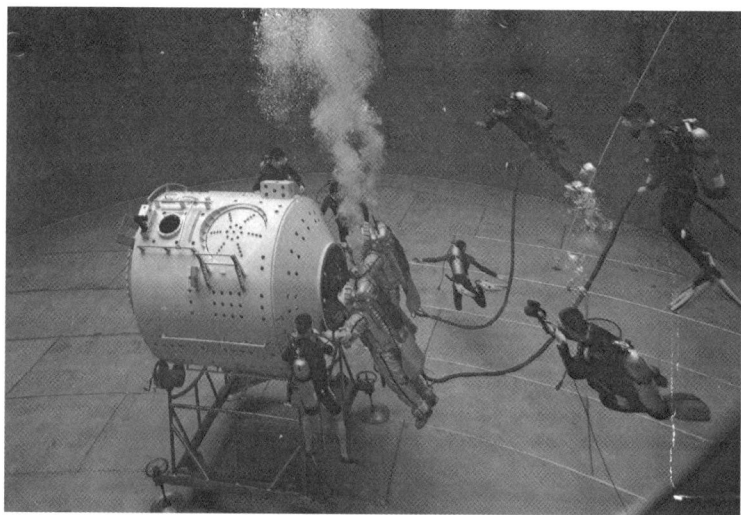

中国航天员在失重水槽中训练

找到很适当的途径来阻止或减少失重对人体的影响。当然，经过20多年的航天飞行经验积累，俄罗斯和美国制定了一系列长期飞行中预防失重对人体生理影响的措施。俄罗斯航天员季托夫、马纳罗夫甚至创造了在太空一次漫游一年的纪录。但是，如果要飞往火星，科学家还得作出更大努力来对付失重对人体的影响。

其次，人类飞往火星，现有的技术还不能解决补给的问题。往返一次火星需2~3年的时间，而一个航天员在太空生活和工作，每天要消耗氧气、食物和水大约10千克，因此航天员启程飞往火星时不可能带足乘务组人员2~3年的给养。目前在近地轨道空间站上工作的航天员的给养，是由航天供应线上的"进步号"货运飞船定期输送。当人类飞向火星时，要飞出地球9000万千米，按照现在的补给供应线的供应周期，载人飞船在到达火星前的途中就需要补充给养若干次，而这是不可能由现在航天供应线的货运飞船输送完成的。因此，不仅要有氧气和水的循环再生使用系统来供应航天员氧气和水，而且需要成熟的生物生命支持系统来帮助解决飞行

□ 火星上有哪些中国名

最早"登"上火星中国人名榜的是中国古代天文学家刘歆和李梵。火星上的两座环形山是以他们的名字命名的。如今，已有更多的中国人名上了火星，其中有不少古代的神话人物，包括嫦娥、女娲、伏羲、精卫、神农、愚公、盘古、燧人、仓颉、嫘祖、后羿、刑天、夸父、共工、吴刚等，以及一些古代的圣贤名流，如尧、舜、禹、张骞、郑和等。还有一些中国地名和神话传说中的地名也榜上有名，如黄河、泰山、敦煌、莫高窟、玉门关、罗布泊等，以及广寒宫、不周山。

期间他们的食品供应问题。

上述两个问题解决后，人类飞往火星的时机就成熟了。科学家相信再经过大约20年的科学摸索，人类将会解决这些问题。由此看来，21世纪人类有可能成为火星的外星人。

载人火星探测怎样防范辐射

在载人火星探测中，航天员有可能比较长时间地暴露在太空辐射之中。这些太空辐射包括太阳宇宙射线、银河系宇宙射线以及地球辐射等，为了维护航天员免受辐射线的伤害，要将航天员可能受到的辐射剂量降低到允许值。

显然，航天员在乘坐载人火星探测器飞行与过去进行过的近地轨道飞行所受到的辐射危害不可同日而语。比如，在近地轨道飞行时，地球磁场的屏蔽效应可将宇宙辐射的影响减少百分

科幻电影中的星际旅行场景

之几十，但在进行近火星飞行以及登上火星时，磁场已经不复存在，当然也就失去了磁场的保护效应。而且，火星大气层的密度只有16克/厘米^3，和地球大气层相比，它对宇宙射线的防护要弱得多。因此，在整个火星飞行时，对航天员的辐射防护显得格外重要，采取以下措施可以比较有效地防范辐射。

首先，在选拔航天员时应考察其对辐射的敏感性。其次，建立最佳辐射防护手段，包括防辐射屏蔽，局部防护，使用元器件、燃料、水和食品时要考虑减少辐射影响，直到符合允许水平。第三，在开发和建立舱内辐射控制和预测系统时，要考虑到范围较广的舱外活动和在火星表面上的活动。此外，还应认真分析飞行路上出现的辐射情况以便采取相应防护措施。对要驻留在火星上的航天员，其防辐射安全更应注意，比如采取升降飞行器为航天员提供额外保护，对航天员关键器官采取局部加强保护等。航天员在火星上考察时，还应控制个人辐射总剂量和强度，这些数据应及时反馈到辐射控制中心，以便及时评估航天员受到辐射的危险程度并提出

□ 新材料防护火星之旅中的辐射

2013年，"火星科学实验室"中的辐射评估探测器(RAD)将"好奇号"飞往火星的行星际旅行中收集的数据发表在《科学》周刊上。在使用现有推进系统的情况下，飞往这颗红色行星的5.6亿千米旅程历时253天。根据RAD记录的辐射量，相当于每隔五六天就接受一次全身CT扫描。研究发现，如果一个人一生中所受辐射剂量达到1000毫希沃特，患癌风险将增加5%。不过，不用担心，有专家认为，这个风险是可以控制的。新的材料可以改进对宇宙和太阳辐射的防护。

保证航天员辐射安全的具体建议。

总之，载人火星探测必须提供保证辐射安全的独立系统，要建立自动评估辐射环境、预测监测个人辐射剂量的系统，建立辐射防护和预防维护手段，同时要从根本上认识火星的辐射环境更复杂，认真对待，潜心研究对策，尽可能地减少风险。

火星路上"3D"打印现神奇

美国国家航空航天局已经具备了向火星派遣机器人的能力。但如果打算派遣航天员前往火星，就必须面对在一年之久的任务期间内解决给他们提供食物的问题。传统上，航天员携带上天的是包装好的食物，虽然目前已大有改进，但选择的品种仍旧有限。因为食物的成分是事先确定好的。这样的食物在小型金属罐头中存放1到3年后，很多会因为过期而不能食用。为此，美国国家航空航天局启动了一系列研究项目。其中，最夺人眼球的是利用3D打印技术来制造航天食物。

位于美国得克萨斯州的系统与材料研究有限公司(SMRC)研制出一种3D打印机，据说可以为航天员制造"又营养又好吃"的食物。SMRC的工程师和项目经理安江·康特赖柯特解释了这个想法是如何出现的：他曾经用一台3D打印机打印出来的巧克力得到妻子的赞赏，于是他想到了利用3D打印机来打印一些特殊需求的食物，如宇航食品。SMRC公司介绍，3D打印的食物可以按照每名航天员的营养需求进行剪裁，这有益于健康，更重要的作用是它能调节航天员的情绪。SMRC公司打印的第一种航天食物是披萨。这是因为披萨可以实现很多营养及风味上的变化，而且披萨是由多层食材构成的，这是3D打印技术的一个核心原理。

3D打印航天食品的具体做法是：所有的营养物质，例如蛋白质和碳水化合物，都以粉末形式存储起来。

航天员选定好当天的食谱后，各色原料被倒进搅拌机里，然后混以食用油和水。搅拌出来的混合物经过加热，被一层一层地喷到烤盘上，逐渐形成饼状，最后新鲜出炉。用3D打印机打印出来的披萨，底部较硬，中部柔软，上部吃起来像肉类。

美国国家航空航天局还从另一角度看待3D打印披萨，他们认为，SMRC公司的设想可以有效降低航天器的质量，因为这项技术也可以用来制造其他物品，譬如工具。

由于中餐的丰富程度比其他任何国家的餐饮都要高得多，所以要用3D打印机来打印中餐，哪怕仅仅是打印烙饼和馅饼这样的食物，要想达到传统烹饪方法的口感，也有相当的难度。不过，有挑战才有乐趣，也许有一天航天员能在太空中吃到3D打印机打印的北京烤鸭呢！

航天员在火星上生病了怎么办

如果航天员在太空执行任务时突发疾病，怎么办？不用担心，现在有了数字虚拟人技术，远程医疗诊断已经不是问题。

数字虚拟人技术是可代替真实人体进行研究的技术。通过收集航天员的生理数据，再用虚拟人技术进行三维(3D)结构重建和仿真，可达到模拟航天员机体运行的效果，直接为太空中的航天员诊断、治疗疾病。一旦航天员在太空中出现不适症状，计算机将根据其自身数据库模拟病发的情况并做出相应的诊断。

为此，欧洲太空局(ESA)启动了"虚拟人计划"，为未来载人飞火星科学考察做准备。他们测试了一种增强现实技术，为身在国际空间站或执行火星任务的航天员研发了一种虚拟

航天员在"国际空间站"上工作

现实三维帽，提供即时的专业医疗诊断服务。对于执行像探测火星等深空任务的航天员来说，在发生通信延迟或者停电导致无法与地球联系时，佩戴虚拟现实三维帽可以看到覆盖在现实世界之上的虚拟图像。在这种虚拟图像的辅助下，不是医生的航天员也能够独自为生病的乘组伙伴治疗疾病，甚至进行简单的外科手术。

在欧洲太空局基础技术研究计划的资助下，比利时的NV空间应用服务部门牵头承担了"增强现实"的样机系统开发工作。该系统的全名叫作"计算机辅助医疗诊断和外科手术系统"。它的工作原理是：使用立体声头戴式显示器和超声诊断工具，通过红外摄像机对患者病灶处进行跟踪治疗。

"计算机辅助医疗诊断和外科手术系统"与一套超声波设备相连接，佩戴者用摄像机和显示器诊断患者的身体情况。通过身体上的兴趣点利用马克笔标记实现对病人的追踪，把类似标记的图像排列在病人的影像资料库中。随后，电脑中的"虚拟人"将与患者的信息进行比对，三维"增强现实"分镜头提示卡会通过耳机听筒

□ **火星枕头**

法国梅德斯研究所和法国国家空间研究中心合作，打算研制适合航天员在火星上使用的枕头。他们从500位申请者中挑选出了12位测试者，测试在长期太空飞行零重力状态下身体的反应。这12位测试者被称为"枕头航天员"。他们在一年时间里要进行3次测试，每次3周时间。测试时他们躺在低于水平面6度的床上，头部位于床的末端，这一角度可以模拟人体在飞行状态下的变化。

指导佩戴者。他可以根据提示移动红外线摄像机跟踪超声波探头，同时参考超声波显示图像为患者治疗。

目前正在努力完善"计算机辅助医疗诊断和外科手术系统"，例如减轻头戴式显示器以及整个样机的重量。一旦这种技术趋于成熟，整个系统可以作为远距离医学的一部分，通过卫星提供远程医疗协助，实现专家与病人、专家与医务人员之间异地"面对面"的会诊，进行实时的语音和高清晰图像的交流，为现代医学的应用提供更广阔的发展空间。

怎样在火星上生产燃料

利用火星大气就地生产火箭燃料，即火箭用推进剂。真能做到吗？当然可以。事实上，利用化学方法在地球上生产推进剂的时间已有一个多世纪了。

生产推进剂的第一步是获得必要的原材料。推进剂中氢元素的质量只占总质量的5%，比较轻，可以从地球上运过去。尽管运输需要6~8个月时间，但采用多层隔热材料制作密封性良好的储存箱，完全能使液氢在太空中的气化损耗降低到每个月1%以内。这些氢原料不是直接送进发动机的，需要加入少量甲烷使其形成胶体，增加预防泄漏的能力，胶体同时还能抑制储存箱中的对流，从而可进一步降低气化损耗。

因此，我们需要在火星上取得的原材料只有碳和氧。火星大气95%是二氧化碳，所以这两种元素都非常丰富，随处可得，像地球上空气一样"免费"。可以用一种"吸附剂床"来获得，它会像海绵一样吸满二氧化碳。你只需要找个罐子，装满活性炭或沸石，然后在夜间放到火星户外。在夜晚的低温（-90℃）中，它能吸收的二氧化碳重量可达到自重的20%。等到白天，把吸附剂床加热到10℃左右，二氧化碳就会逸出。用这种方法可以得到压强很高的二氧化碳气体，基本上不需要付出什么能量。科学家估计，利用推进剂生产装置中产生的废热就能为二氧

化碳的逸出供热。

解决了原料问题，接下来就要解决推进剂生产过程中的质量控制问题。原料中不能混有杂质，如火星尘等。所以，首先要在吸附剂床或泵的入口放置一个滤尘器，滤去大部分尘埃，然后对火星空气加压，把其中的二氧化碳变成液态，剩下的氮气等杂质仍会保持气态，再进行分离。最后，将二氧化碳从储存箱中蒸发出来，就成了100%的纯净二氧化碳气体。推进剂生产过程的其余部分可以在地球上进行模拟实验，我们可以精确模拟火星环境，并通过大量地面试验确保它的可靠性。在载人火星任务中，在火星上生产推进剂可以成为最可靠的一环。

获得了二氧化碳，就可以和地球上带来的氢发生甲烷化反应，生成甲烷和水。水可以发生我们熟悉的电解反应，生成氧气。根据计算，从地球上送去火星的每千克氢会转化成12千克氧／甲烷双组元推进剂，氧和甲烷的质量比为2∶1。不过氧和甲烷最佳的燃烧质量比约为3.5∶1，为了达到最优效果，需要更多氧。解决的办法之一是直接还原二氧化碳。把二氧化

碳加热到1100℃左右，反应就会发生，气体部分分解。然后对氧化锆陶瓷膜通电，就可以用电化学的方法生产出氧气。这一反应的优势在于，它不需要增加任何原料就能生产出相当多的氧。劣势在于氧化锆管易碎。经过改进后，应该可以达到完成火星任务的氧／甲烷推进剂所需的配比。因此，在火星上生产火箭燃料并不是遥不可及的梦想！

为什么说"移民火星"不是梦

自从人类发现火星有水的确凿证据后，"移居火星"顿时就成为了人们关注的焦点。有关专家预期，只要借助基因改良的树木，就能制造出温室环境及提供氧气，人类在未来就能移居火星。

要想真正地"移居火星"，还需要人类凭借自己勤劳和智慧的双手，将火星建成另一个家园。

人类到达火星后，应在哪里落脚呢？美国科学家选择的地点是跨越火星赤道，长约6400千米的大盆地中的

美国国家航空航天局规划的未来人类火星基地

"康多尔恰斯码-2号"地区，人类将在那里建立永久性基地，并逐渐地扩建自己的大本营。

日本有关科学家设想的火星基地将于21世纪后半期得以实现。基地计划建在卡塞峡谷旁边的平原上，周围还留有河流的一些遗迹。

应该说，宇宙射线是无处不在的，而长期大剂量地受到这种辐射，人类就会生病、死亡。在地球上，因为有地球磁场的存在和大气层的保护，人类没有必要为此担忧。然而火星与地球不同，宇宙辐射十分强烈，人类若计划移民火星，就必须找出相应的对策。理论上讲，质量越小的物质防辐射能力越强。科学家经过研究后发现，液态氢是迄今为止能得到的最好的防辐射剂，但因为路途遥远，将液态氢直接带到火星上显然不太可能，因此科研人员退而求其次，开始尝试使用含氢的固体化合物。他们

将聚乙烯和一种灰色的土壤相掺和，然后倒入一个模具，经烘烤制成块状的黑色砖头。一旦获得成功，航天员就能带着聚乙烯上路，到达火星后，再和那里的表层土壤混合，最后制成砖头。

火星基地的附近还配置有温室，在那里，人类可以栽种植物。温室由塑料膜建成，内部填充有十分之一个大气压的空气。种植的农作物将有西红柿、生菜、小麦、稻子和土豆等。

火星基地用水能从冻土层中凭借"打井"的方式提取，若能钻到地下300米深，也许就会有水自动地喷出来。而氧气则可以通过对水或大气中的二氧化碳进行分解而得到，氧气加上氮气就能获得与地球上成分接近的空气。

有关科学家已经成功研制出了新式氧气机，可以将火星大气中的二氧化碳转化成氧气。这个氧气机大小和微波炉接近，只需数天时间就能生产出大量的氧气。

火星离太阳很远，在建设火星基地初期，最佳方法是通过小型原子能电站提供能源。到了后期，可以由

□ 乘"猎户座"载人飞船飞往火星

美国国家航空航天局火星探测任务负责人认为，前往火星所需的深空探测火箭、太空舱和相关设施的关键部分仍在研制中，预计21世纪30年代人类能最终登陆火星。其飞行路程将用一个小行星或月球当"跳板"，让航天员登陆这个"跳板"，并把它作为前往火星的实验站。美国国家航空航天局副局长比尔·格斯登美尔介绍说，在2017年将发射无人航天器以测试运载火箭和"猎户座"多用途载人宇宙飞船。最终由"猎户座"宇宙飞船搭载航天员飞往火星。

燃料电池和火星周围轨道上的太阳能发电卫星来提供能源。

建成的"火星基地"能够成为人类飞向外太阳系的一个大"跳板"。航天器从那里出发，可以对木星、土星、天王星和海王星进行探测。

臆想中的火星基地毕竟还只是留于表面，怎样才能适应未来的火星生活，还需人类在地球上继续实施模拟试验。

火星能变成又一个地球吗

科学家认为，通过人类的不懈努力，火星完全有可能被改造成为生机盎然的第二颗地球。

如何使火星变成地球？第一步是要加厚它的大气层，同时提高其表面的温度（目前火星表面的平均温度还不到-60℃）。美国国家航空航天局艾姆斯研究中心麦克凯博士称，增厚大气层、加热火星是改造火星的关键。只有这样，冻结在火星土壤中的冰才会融化，在火星上植树造林才有可能。

目前，提高火星大气层厚度打算采取如下几种方案：

首先是增加火星大气层中二氧化碳的浓度。虽然在火星大气层中二氧化碳占95%，但十分稀薄，形成不了保温层。而火星岩石中含有丰富的二氧化碳（以干冰形式存在），因此，只要设法将岩石中的二氧化碳释放出来，就可以在火星上空形成浓厚的二氧化碳层，将太阳光的热量保留在火星空气中，从而提高火星表面温度。

接着在火星上建造化工厂，人工制造超级温室气体——氯氟烃和四氟化碳。它们的保温能力比二氧化碳强10～21倍。

□ **火星飞机**

　　火星飞机是美国航空航天专家罗伯特·祖布林在其专著中提出的一种设计方案，实际上就是一个超轻型的航空机器人。它可以装载实验设备，沿着狭长的火星峡谷飞行探测，拍摄高分辨率的图像。设计载重为50千克，飞行距离可达6700千米，飞行高度最大为1.5千米。可设计成一次性使用和重复使用两种形式。

据科学家粗略计算，若在火星上建造100个这样的化工厂，每个化工厂生产100年，就可使火星温度提高6～8℃，以这样的速度计算，使火星平均温度提高到0℃需要600～800年。

　　同时还要加大火星上太阳光的采集。如果向火星南极上空发射一面直径为250千米的巨大轨道反射镜，就可以将太阳光反射到火星南极，从而较快地提高火星温度。

　　改造火星的第二步是造海植树。随着火星表面温度的升高，火星两极和地表下的固态水就会融化成液态水，并汇集成数百米深的汪洋大海。万一水量不足，可以动用火星两颗卫星上的水。探测发现火卫一和火卫二上有丰富

的水。若水量还不够，就让轨道反射镜来帮忙，它能产生270亿千瓦的能量，用于融化火星冰层，每年可获得3万亿吨水。有了大气和水，就可以种植植物，制造氧气。到了那时，人类甚至不用穿防护服，因为宇宙辐射已被大气层极大地吸收而衰减，对人类的危害大大降低。届时，人类就可放心地在火星表面自由行走了。

《101探秘丛书》来了！
101个有趣的问题，100多幅精美的图片，
带你探索古生物、大脑、基因、克隆、海洋、南北极、火星、
自然生态、地震和新能源的奥秘！

《古生物探秘101》

　　如果把地球的46亿年历史压缩成普通的一天，那么，最原始的单细胞动物大约出现在凌晨4点钟，而直到晚上8点30分之后，才出现了第一批海洋植物。在这一天还剩下不到两个小时的时候，第一批陆生动物露头了。晚上11点刚过，恐龙登上了舞台，但只在世界上横行了40分钟就销声匿迹。午夜前20分钟，哺乳动物登台了，而人类，只是在午夜前1分17秒才出现。现在，让我们翻开地球这本大书，寻找那些已经离我们远去的祖先吧！

《心智探秘101》

　　对于自己脖子上扛着的这个脑袋，每个人好像都熟悉又陌生。甲为什么那么聪明，乙为什么有点木讷，丙的反应又为什么那么快？为什么有时候眼见不一定为实？有一天，电脑能代替人脑吗……也许你从来不敢想象把脑袋打开看看，只能让这些有趣而又离奇的问题在脑袋瓜里盘旋。

　　机会来了，脑科学专家正在书中担任旅游向导，快跟上他的脚步，翻越大脑皮层上的沟回，在神经细胞间穿梭，逛遍大脑的每一个犄角旮旯，来一场刺激的大脑深度游吧。

《基因探秘101》

　　我在花里、在树里、在蚂蚁里、在恐龙里，也在你的身体里。是我在春天让柳树抽芽，在秋天让枫叶飘零；是我转动时间之轮，让婴儿降生，容颜老去。35亿年前，我创造出地球上的第一个生命，然后再施展本领，千变万化，变出千万种动植物，把地球打理得生机勃勃。

　　我是基因，是你和爸爸妈妈最紧密的连接纽带。我住在你的每一个细胞里，我塑造了你，也是你一生的伙伴，很高兴认识你。

《克隆探秘101》

谁能让已经步入历史尘埃的猛犸象复生？谁能协助警察破获凶案，锁定真凶？谁能使分隔两地的亲人重新团聚？取一个细胞，克隆出一头绵羊，抽一滴血，变出一只新老鼠。这是克隆创造的奇迹，这些奇迹正在发生。

谁能让坏死的器官起死回生？谁能摇身一变，变出几十上百种不同的细胞？谁能让失明的病人重见天日、让瘫痪的病人重新站立？干细胞，这位人体器官的修补高手，正在协助科学家，实现人类的长生不老之梦。

《海洋探秘101》

从太空中看，地球犹如一颗蓝宝石般美丽，充满了活力。而这活力来自海洋，是海洋使地球成为太阳系中独特的星球！

海洋是怎样形成的？为什么下海难，难于上天？为什么海底是漏的？深海中的生物为什么不会被压扁？深海里有水怪吗？全球变暖对海洋有什么影响……想知道答案，赶紧翻开这本书，去探索海洋的奥秘吧！

《南北极探秘101》

早在数万年前，人类的足迹就已经遍布地球上的六大洲；至少在上千年前，人类的航船已经在宽阔的三大洋游弋。可是，全世界都对地球上另一块大陆——南极洲和另一片大洋——北冰洋一无所知。直到100多年前，勇闯地球之极的探险勇士们，才艰难地揭开了极地的神秘面纱……

南极大陆，几千米厚的巨大冰盖下，蕴藏着哪些秘密？北极冰海，浮动着的白色冰块下，是怎样一个涌动的世界？

翻开这本书，遥远而陌生的南极和北极，近在眼前！

《火星探秘101》

在太阳系中，有这样一颗行星：它比地球小一些；有稀薄的大气；每24.63小时自转一圈；有四季分明的气候；虽然现在还没有发现有液态水存在，但它曾经有过滔滔大水；在它的两极，有大量的冰存在……

它就是我们地球的近邻——火星。它的环境如此接近地球，人们不由幻想是否有一天可以把它变成下一个地球。在收到探测器带回来的一个个好消息后，人们更加坚定：移民火星不是梦。

《自然生态探秘101》

地球曾是一个孤寂的星球，直到第一个生命的出现带给它无限生机，并逐渐形成生态万千的自然世界。每天这里都演奏着世界上最和谐的乐章：勤劳的植物担任"生产者"，从阳光中汲取能量滋养万物；凶猛的动物扮演"消费者"，你争我夺，弱肉强食；无私的微生物勇当"分解者"，维护生态环境整洁。直到有一天，人类用文明进程征服了自然界并成为它的主人……

近代工业化建起了人类家园，但地球母亲早已伤痕累累。为了生命的延续，自然生态的警钟正在长鸣，你听到了吗？

《地震探秘101》

千万不要以为地震离你很远，全球每年可以监测到的有感地震达到500万次，5级以上的就有1000多次。千万不要说地震来了你就听天由命，有多少不幸遇到地震的人，就有多少发自心底的求生呐喊。当你打开这本书，学到了简单而又实用的避险、救援方法，你可能就会在某一天，成为一个拯救生命的天使。

《新能源探秘101》

仅仅在300多年前，人们还不知道能源为何物，想不出它有什么用，更不知道到哪里去寻找能源。可是，当工业革命的车轮隆隆滚动，各种大机器被制造出来，乃至汽车、火车、轮船和飞机等成为不可或缺的交通和运输工具时，能源越来越显示出其重要性。

大约半个世纪前，人们发现，传统的化石能源面临着穷竭的危机，由于使用这些能源而产生的环境问题也在日益加剧。时至今日，寻找更加清洁、可持续的新能源，成了关乎未来发展和生存的全球焦点。

新能源在哪里？相信你能从这本书中找到答案。

图书在版编目(ＣＩＰ)数据

火星探秘101 / 吴沅编著. —上海：少年儿童出版社，2015.5
（101探秘）
ISBN 978-7-5324-9658-7

Ⅰ.①火… Ⅱ.①吴… Ⅲ.①火星–少儿读物　Ⅳ.①P185.3–49
中国版本图书馆CIP数据核字（2015）第044373号

火星探秘101

吴　沅 编著
陈艳萍 装帧

责任编辑 熊喆萍　美术编辑 费　嘉
责任校对 黄亚承　技术编辑 陆　赟

出版 上海世纪出版股份有限公司少年儿童出版社
地址 200052 上海延安西路1538号
发行 上海世纪出版股份有限公司发行中心
地址 200001上海福建中路193号
易文网 www.ewen.co 少儿网 www.jcph.com
电子邮件 postmaster@jcph.com

印刷 北京兴星伟业印刷有限公司
开本 720×980　1 / 16　印张 7
2021年6月第1版第3次印刷
ISBN 978-7-5324-9658-7 / N・979
定价 29.80元